基于环境伦理的国家公园规划体系初探

——美国的经验和启示

刘李琨 著

華中科技大學出版社
http://www.hustp.com
中国·武汉

内容提要

环境伦理关注人与自然的伦理关系，并提供指导人类实践活动的行为规范。著名的环境伦理学家霍尔姆斯·罗尔斯顿认为，虽然中国人与其生存环境和谐相处了几千年，但是，今天的中国对其环境构成的压力比大多数其他国家要大得多；和地球上的其他国家一样，在中国，人的发展和环境保护已变得密不可分。

生态文明建设是中国应对环境污染、生态退化的严峻形势，实现中华民族永续发展的国家战略，是对人与自然关系的再定位和再思考，国家公园体制是重要内容之一。本书基于环境伦理视角，从宏观、中观、微观的角度全面展现了美国国家公园规划体系，包括探析环境伦理和国家公园规划的关联性、宏观考察环境伦理演进视角下的美国国家公园规划体系演变、中观分析现代环境伦理视角下的美国国家公园规划体系构建、微观透视美国国家公园规划体系典型案例，同时提出了基于环境伦理的中国国家公园规划体系构建路径和框架。

图书在版编目(CIP)数据

基于环境伦理的国家公园规划体系初探：美国的经验和启示/刘李琨著. —武汉：华中科技大学出版社，2020. 4
ISBN 978-7-5680-5098-2

Ⅰ. ①基…　Ⅱ. ①刘…　Ⅲ. ①国家公园-规划-研究-美国　Ⅳ. ①S759. 997. 12

中国版本图书馆 CIP 数据核字(2020)第 059115 号

基于环境伦理的国家公园规划体系初探
——美国的经验和启示　　刘李琨　著
Jiyu Huanjing Lunli de Guojia Gongyuan Guihua Tixi Chutan
——Meiguo de Jingyan he Qishi

策划编辑：江　畅
责任编辑：杨　辉
封面设计：优　优
责任监印：朱　玢
出版发行：华中科技大学出版社(中国·武汉)　　电话：(027)81321913
武汉市东湖新技术开发区华工科技园　　邮编：430223
录　　排：华中科技大学惠友文印中心
印　　刷：武汉科源印刷设计有限公司
开　　本：710mm×1000mm　1/16
印　　张：11.75
字　　数：226 千字
版　　次：2020 年 4 月第 1 版第 1 次印刷
定　　价：42.00 元

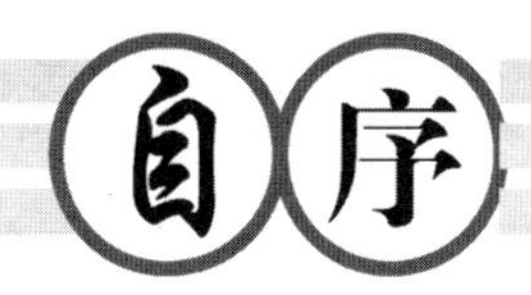

自序

作为一个具有理工科专业背景的女性，我要研究环境伦理这门哲学属性的科目实属不易。

但正是具有理工科的专业背景，才更有必要好好研习环境伦理。跳出工程科学、技术科学的局限，立足哲学高度来厘清人和自然的关系，才能让我们更科学高效地开展社会实践，特别是在自然资源和国土资源领域，特别是在生态文明时代。

2016年，在美国威斯康星大学麦迪逊分校攻读联合培养博士期间，受我的导师——威大尼尔森环境研究所项目主任、景观保护实验室主持人珍妮特·西尔贝纳格尔（Janet Silbernagel）教授的影响，我开始思考美国国家公园体系与环境伦理之间的辩证关联。对于导师推荐的著名的自然随笔和哲学论文集SandCounty Almanac（中译名《沙乡年鉴》），我常读常新，在陶醉于书中所记那些珍禽异兽、琪花瑶草的同时，也折服于作者奥尔多·利奥波德（Aldo Leopold）在字里行间流露出的对自然与人类关系的人文关切。这种折服，自然也影响了我的研究视域，论文集中的某些思想沉淀到了我的这本拙著之中。

利奥波德先生与威斯康星州渊源深厚，在威斯康星州林业产品实验室任职时期是他对原有功利主义保护思想产生质疑，并形成超越时代的荒野保护思想的关键时期。他提出了“土地伦理”的主张，被认为是现代环境伦理学的开创者之一，早有“现代环境伦理学之父”的身后鸿名。但《沙乡年鉴》这本与《瓦尔登湖》齐名的自然主义名著，在中国的知名度远远不及后者。我希望通过拙著，让环境伦理中的美学体验和伦理思考被更多的国人关注。

我在美国实地调研期间，时刻被这个国家的人们（从行政管理者、行业专家到普通巡林员、广大游客）感染，他们无不对美国得天独厚的富饶资源发自内心的热爱和自豪。在普遍的社会意识形态中，他们无不认为丰富的自然资源实乃天赐鸿福，是必须完好传承给孩子们的宝贵财富。由此，我忽然明白美国人保护自然的种种行为源于何处，美国国家公园体系在保护和利用自然资源上的成功来自哪里。在后来的资料查阅和文献阅读中，我发现环境伦理与美国国家公园的密切关系超乎我此前的想象。因此，根据我的职业背景，我选择从环境伦理的视角解读美国国家公园规划体系。

十八届三中全会党中央提出了建立国家公园体制，目前国家公园体制顶层设计基本完成，各项体制建设尚处试点阶段。因此，我希望从宏观、中观和微观的角度全面展现美国国家公园规划体系，研究内容包括探析环境伦理和国家公园规划的关联性、宏观考察环境伦理演进视角下的美国国家公园规划体系演变、中观分析现代环境伦理视角下的美国国家公园规划体系构建、微观透视美国国家公园规划体系典型案例。同时，我尝试结合中国国情，提出基于环境伦理的中国国家公园规划体系构建路径和框架。

拙著脱胎于我的博士论文，结合并拓展了工作积累撰写而成。在此由衷地感谢我的导师——武汉大学张薇教授的辛勤指导。作为中国古典园林史的权威专家之一，她对中国各时期环境伦理对园艺技术及理论的影响有着很深的研究造诣，她的许多观点是拙著中对中美两个体系进行比较研究的理论源头之一。另外，还要感谢我国著名美学专家、武汉大学资深教授、武汉大学人文社会科学研究院驻院研究员陈望衡先生的无私帮助，他认真审阅了拙著初稿，并提出了许多宝贵的意见。他精湛的学术见解，以及奖掖后辈的学人风范是我写作此书的动力源泉。同时，感谢万敏教授、卢武强教授、姚崇怀教授、李军教授、詹庆明教授、彭建东教授、樊志勇副教授对本研究的悉心指导。当然，还要感谢威斯康星大学麦迪逊分校给我的研究提供的各项帮助，这是我的第二个母校，为拙著的成形提供了另一片丰沃的土壤。

感谢我的单位——武汉市规划编制研究和展示中心，因为在这里，通过各位领导以及其他同人的不懈努力，我能够体验到自己的研究成果，正在逐步变为现实的惊喜与乐趣。大概这才是拙著最大的意义所在。

当然，这只是一次从环境伦理视角开展国家公园相关研究的尝试，受我的水平所限，书中不妥或错误之处在所难免，诚望读者不吝赐教。

刘李琨
2019 年 5 月 30 日写于开若琳琅斋
联系邮箱：dodo_liulikun@163.com

目录 CONTENTS

1

绪　　论

1.1 研究的缘起和意义

1.1.1 研究的缘起

1.1.1.1 美国国家公园:平衡自然资源保护和利用的全球典范

随着社会经济的快速发展,消耗性、破坏性的自然资源利用方式让人类赖以生存的自然环境日益恶化,生态危机凸显,自然资源的保护和利用成为全社会尤其是学界关注的焦点问题。

国际经验证明,国家公园是科学保护和合理利用自然资源的有效手段。美国是国家公园的诞生地,其思想理念和建设实践是世界范围内保护和利用自然文化资源的成功典范。美国通过国家公园来保护自然的做法,在以征服自然为主流的历史进程中点亮了人与自然和谐发展的曙光(高科,2017a),也开创了为了公众利益保护公共土地的新时代,被誉为"美国从未有过的最佳创意"(Thomas,2005)。

从1872年世界上第一个国家公园美国黄石国家公园(Yellowstone National Park)建立至今,美国国家公园经历了近150年的发展建设,规划发挥了重要的统筹引领作用,为管理提供了决策支撑,为建设提供了建设指导。对规划体系的研究将帮助我们深入了解和认识国家公园如何实现自然资源保护和利用的平衡。

1.1.1.2 环境伦理:美国国家公园规划的哲学指引

环境伦理学是20世纪70年代兴起于美国的新兴学科,属于哲学分支学科的应用伦理学。环境伦理是关于人与自然关系的伦理信念、道德态度和行为规范的理论体系,它不是抽象的理论探讨,而是来源于对现实环境问题的思考(余谋昌,2004);它根据现代科学所揭示的人与自然相互作用的规律性,以道德为手段,从整体上协调人与自然的关系,为环境保护实践提供道德的理论支撑。

美国是环境伦理学研究和应用的前沿阵地,环境伦理学的产生和发展,一路都与环境保护运动和实践相伴。纵观历史,美国不同时期的环境伦理思想构建了人们对于人与自然关系的不同认知,指导着国家公园各项工作的开展,产生了不同的规划管理导向和建设实践效果。从环境伦理学的视角研究美国国家公园规划,有利于在哲学层面从思想源头上厘清国家公园中人与自然的伦理关系,从而明晰在规划中应秉持的环境伦理观念,指导人类科学地开展规划体系的构建工作。

1.1.1.3 以环境伦理为内核、以科学规划为引领：生态文明时代中国国家公园建设的迫切需求

建立国家公园体制是2013中共十八届三中全会提出的重点改革任务之一，是中国生态文明制度建设的重要内容。生态文明时代与原始文明、农业文明、工业文明时代一样，主张在利用自然的进程中推动社会发展；不同之处在于生态文明将尊重自然置于首位，强调人与自然和谐共生（李心记，2016）。生态文明时代的国家公园建设，首先应从价值观上摆正大自然的位置，并在人与自然之间建立新型的伦理关系，才能摆脱工业文明时代旧有思维模式和行为原则的桎梏，真正推进生态文明建设。

最近几年，中国国家公园体制建设初见成效，顶层设计初步完成，11个国家公园试点稳步推进；2019年1月23日，中央全面深化改革委员会第六次会议审议通过了《关于建立以国家公园为主体的自然保护地体系指导意见》，提出形成以国家公园为主体、自然保护区为基础、各类自然公园为补充的自然保护地管理体系。但是中国国家公园仍处于多方摸索的体制试点阶段，而试点工作系统而复杂，必须以科学规划为先导（钟林生等，2017）。

美国国家公园规划经历了一百多年的发展历程，积累了丰富的理论和实践经验。中美国情诚然不同，但是中美作为幅员辽阔、自然资源丰富的世界前两大经济体，都经历了工业文明和后工业文明，力图用国家公园开展自然资源保护和利用；同为赋予国家公园国家代表性和全民性的国家，面临着诸多的共性问题和挑战。美国的经验和教训，将帮助中国立足高远，更好更快地建立起具有中国特色的国家公园规划体系，从而引领国家公园建设。

1.1.2 研究的意义

1.1.2.1 学术研究意义

从学术研究角度来看，本研究属于风景园林学和环境伦理学等学科的交叉研究，其意义在于：

一是探讨了交叉学科的研究范式，为跨学科研究提供了研究思路和方法。

二是从哲学层面上提升了风景园林学等应用学科的思想高度，完善了理论研究；同时从应用层面扩充了环境伦理学等哲学学科的实践案例，有助于其理论进一步完善和创新，也有利于其为社会实践服务。

三是填补了美国国家公园规划基于环境伦理学视角的理论和实践研究的空白，同时丰富、更新、纠正了国内关于美国国家公园规划的相关研究资料，为后续研究的开展提供了基础。

四是为中国国家公园规划体系的构建提供了环境伦理视角的思路和方法。

1.1.2.2 社会实践意义

从社会实践角度来看，中国正处于生态文明建设时期和国家公园体制试点阶段，开展基于环境伦理视角的美国国家公园规划体系研究的意义在于：

一是国家公园是我国生态文明建设的重要抓手，科学编制国家公园规划是践行生态文明、绿色发展理念的重要行动，本研究将为国家制定相关政策、开展相关工作提供新参考、新思路。

二是有利于总结世界先进经验，推进中国以国家公园为主体的自然保护地体系的建立工作。

三是有利于行业专家和从业人员建立环境伦理观念，在国家公园规划编制中更好地落实生态第一原则，平衡保护和利用的关系，让规划成果更科学、更绿色。

四是积极推广了环境伦理观念，有助于广大公众科学地认识人与自然的关系，积极参与到环保行动中。

1.2 国内外相关研究回顾

1.2.1 环境伦理相关研究

1.2.1.1 国内外图书

国内外关于“环境伦理”主题的图书繁多，其中，许多涉及了与美国国家公园相关的人物或事件。国外书籍中常列举美国国家公园中发生的典型事件支撑环境伦理论点，比如 Holmes Rolston，Ⅲ 的 *Environmental Ethics：Duties to and Values in The Nature World*（1987），Roderick Frazier Nash 的 *The Right of Nature：A History of Environmental Ethics*（1989）。国内书籍中常认为 19 世纪美国国家公园体现的自然保护伦理是环境伦理学的思想先驱，比如余谋昌、王耀先的《环境伦理学》（2004），杨通进的《环境伦理：全球话语 中国视野》（2007）。

1.2.1.2 国外文献数据库

英文文献资料主要依托两大数据库：Web of Science(简称 WOS)核心合集和中国知网(简称 CNKI)外文文献库。

一、检索路径和结果

检索 Web of Science 核心合集数据库中截至 2018 年的文献数据如下。

按照主题“environmental ethics”或含“ecological ethics”检索，文献总数：11 342篇(图 1-1，图 1-2)。进一步限定，按照主题“environmental ethics”或含“ecological ethics”，并含“national park”检索，文献总数：43 篇。

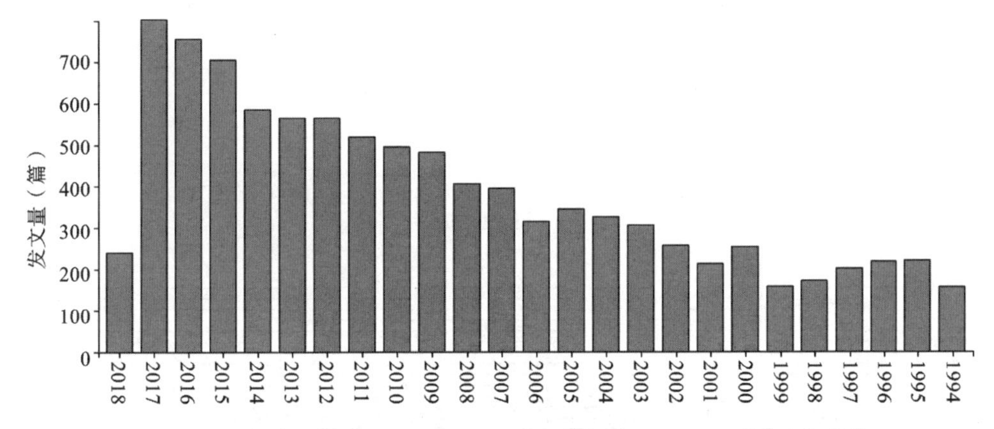

图 1-1 WOS 主题“environmental ethics”或含“ecological ethics”发文年趋势

(来源：WOS 结果分析工具)

检索中国知网外文文献库中截至 2018 年的文献数据如下。

按照主题“environmental ethics”或含“ecological ethics”检索，文献总数：2573 篇(图 1-3、图 1-4)。进一步限定，按照主题“environmental ethics”或含“ecological ethics”，并含“national park”检索，文献总数：17 篇。

二、已有研究综述

国外关于“环境伦理”“生态伦理”的文献研究始见于 20 世纪 50 年代，20 世纪 90 年代后发文量迅速增加，相关研究主要集中在环境科学、哲学、经济、医学、建筑学、生物学等学科领域。与“美国”“环境伦理”“生态伦理”“国家公园”相关的研究内容主要包括：

1. 环境伦理在国家公园生物领域的应用

Colette R Palamar(2007)分析了将生态女性主义(环境伦理)理论应用于国家公园“狼的再引入”，证明环境伦理可以评估环境实践和政策。

Holmes Rolston，Ⅲ(1990)探讨了美国 Yellowstone 国家公园在生物学与哲

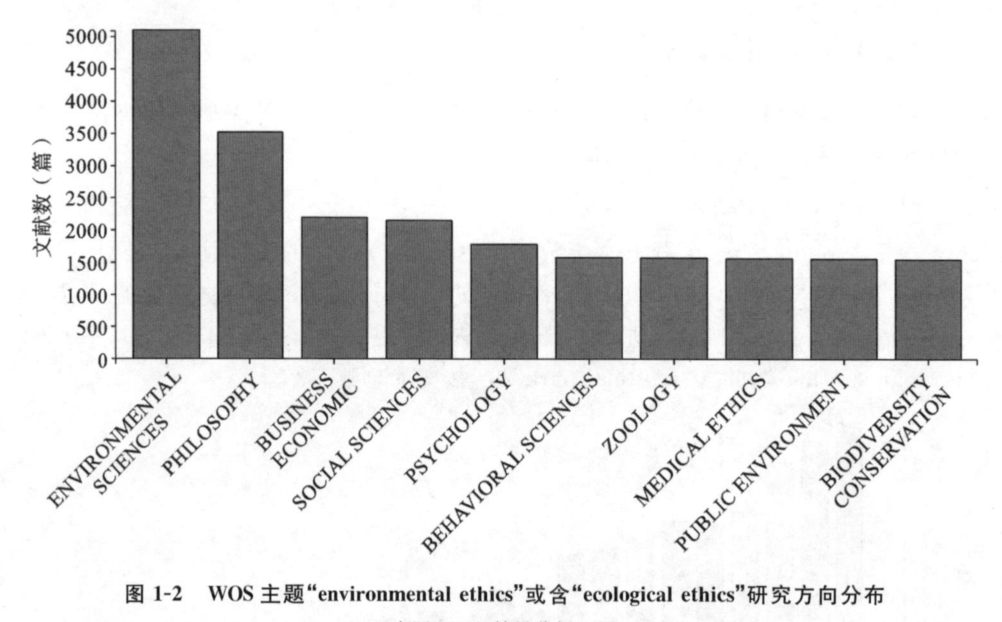

图 1-2 WOS 主题“environmental ethics”或含“ecological ethics”研究方向分布

（来源：WOS 结果分析工具）

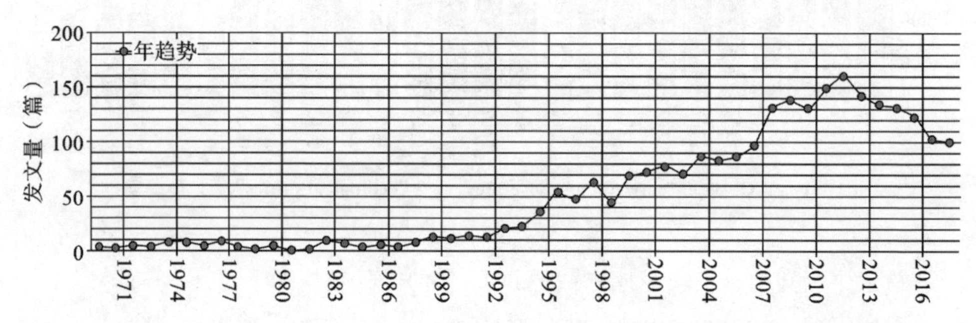

图 1-3 CNKI 主题“environmental ethics”或含“ecological ethics”发文年趋势

（来源：CNKI 计量可视化分析）

学方面的五个重大问题：一是如何评价自然，特别是在生态系统层面，以及是让自然顺其自然还是采用实践科学管理自然；二是在公园政策中，“自然”的含义；三是建立区域系统的生物索赔；四是自然和文化历史的相互作用，包括本土居民和欧裔美国人的文化历史；五是社会政治力量是发现生物的决定性因素。他认为生物学和哲学应结合起来成为适宜的环境哲学。

2. 环境伦理在国家公园道德和审美领域的应用

Samuel Case 等(2017)认为美国国家公园中的大量游客带来了巨大压力，并且公园设施维护工作滞后，需要额外措施来维护荒野体系。而无痕原则是荒野用户遵循的一系列非正式原则，以尽量减少用户在穿越这些地区造成的影响，但是人们对无痕原则的了解和遵守情况不佳，现在应该将这些原则法律化，并且使人

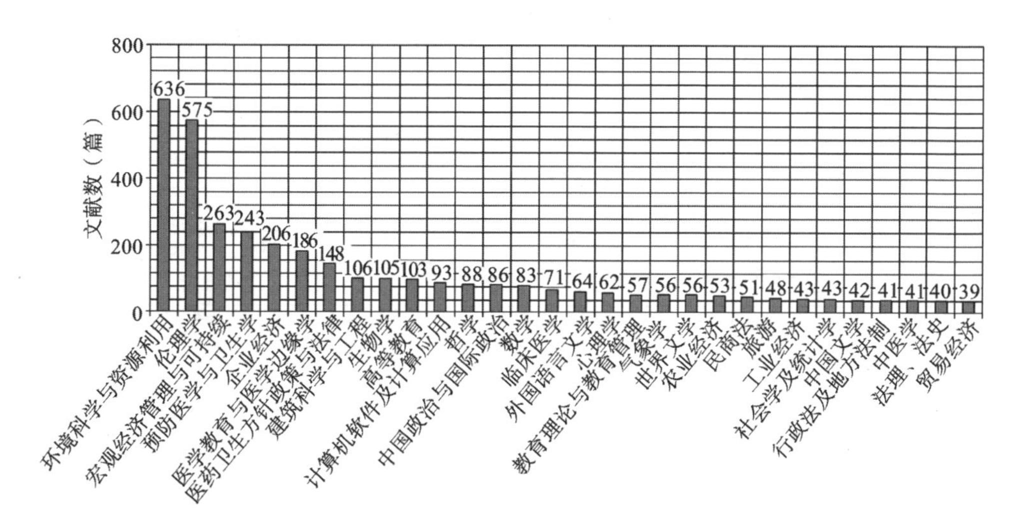

图 1-4 CNKI 主题“environmental ethics”或含“ecological ethics”学科分布

（来源：CNKI 计量可视化分析）

们熟悉并达成共识。

Lissy Goralnik 等(2014)阐述了在美国 Isle Royale 国家公园中 5 年里教授的跨学科体验性环境哲学课程——场域哲学的经验，研究了荒野体验如何扩大学生的道德共同体(意识)，提供一个通过环境人文领域的学习来了解整体环境伦理的可能性途径。此后，他们(2017)进一步研究了学生在自然界的物质体验和对于非人生物、自然系统和场地的关注和评价之间的关系，并建立了学生从自我意识到更广大的社区道德意识每一步转变的模型，分析了促进因素。

J. Baird Callicott(2013)认为道德价值是人类行为对自然环境的关键驱动力，但审美价值也许更为关键，它们在美国乃至全世界的国家公园运动中扮演着重要的角色。因此，在新兴的进化生态世界观中，对审美价值和道德价值的反思和重组对于保护来说至关重要。

3. 环境伦理在国家公园土地管理领域的应用

C. Schonewaldcox 等(1992)回顾与讨论了国家公园与周边土地的跨界管理的问题，解决方案取决于创造性技术和建议，变革的平台包括立法、制度政策、沟通、教育、管理技术和伦理。

1.2.1.3 国内文献数据库

中文文献资料主要依托中国知网中文文献库。

一、文献检索路径和结果

检索中国知网中文文献库中截至 2018 年的文献数据如下。

按照主题“环境伦理”或含“生态伦理”检索，文献总数：9873 篇。进一步限定，

按照主题“环境伦理”或含“生态伦理”，并含“美国”或“国家公园”检索，文献总数：267 篇(图 1-5，图 1-6)。

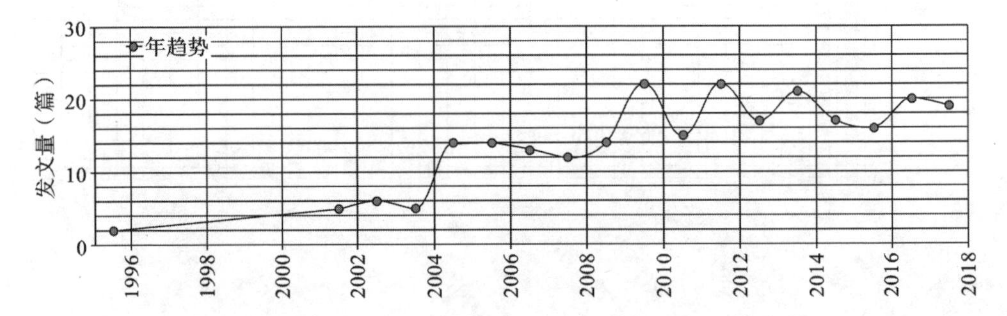

图 1-5　主题“环境伦理”或含“生态伦理”，并含“美国”或“国家公园”发文年趋势

（来源：CNKI 计量可视化分析）

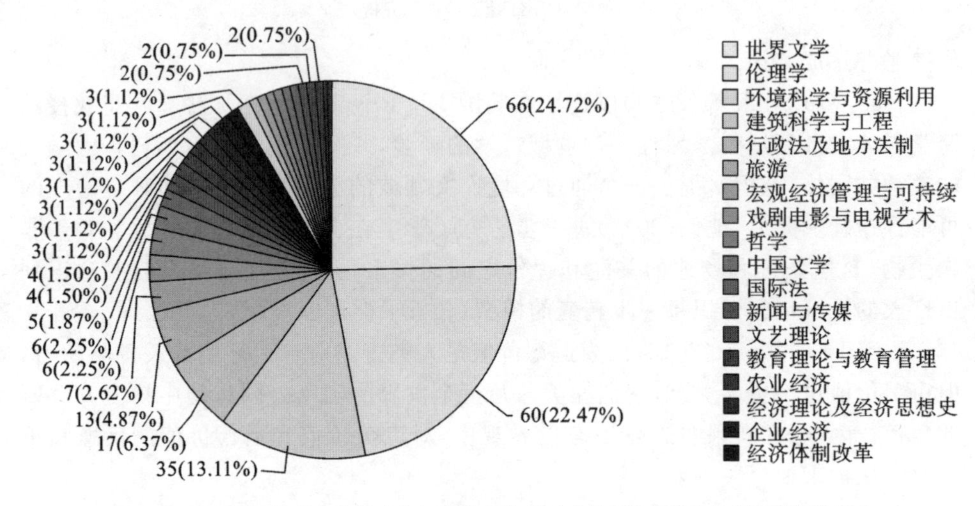

图 1-6　主题“环境伦理”或含“生态伦理”，并含“美国”或“国家公园”学科分布

（来源：CNKI 计量可视化分析）

二、已有研究综述

国内关于“环境伦理”“生态伦理”“美国”“国家公园”的文献研究始见于 20 世纪 90 年代，于 21 世纪初发文量陡增，近年来呈波动状态，学科领域主要集中在文学、伦理学、环境科学、建筑学、法律、旅游等，内容主要包括：

1. 运动和思想、人物和作品

众多文献研究中的部分内容涉及对美国国家公园有影响的运动和思想(环境运动、荒野思想、土地伦理等)、人(缪尔、利奥波德等)、作品(《沙乡年鉴》等)的阐述。

韩立新(2006)提出美国环境运动的三个阶段——防止人破坏自然的“自然环境保护运动”阶段、从人的功利角度提倡利用自然资源的“自然保护运动”阶段、以人和自然共存为价值基础的生态中心式“环境主义运动”阶段。环境伦理在第三阶段逐渐定型并呈现出两个趋势，一是非人类中心主义伦理逐渐成为环境伦理的主流，二是环境正义和生态社会主义成为环境伦理的一个重要内容。杨晓峰(2006)介绍了美国环境伦理学诞生的背景、各主要学派的思想主旨以及它们未来的发展趋势和社会价值。叶平(2014)谈及美国环境伦理学对于“荒野”的认识和理解。李敬尧(2017)简述了美国荒野保护观对于国家公园的建立具有重要的实践价值。郝栋(2016)指出美国生态哲学研究的两大领域之一就是对于现实性问题的关注，他认为美国生态哲学从一开始就是问题导向和具有实践意义的，实践性是美国生态哲学的“胎记”。田宪臣(2009)提及环境评估是诺顿环境实用主义思想中的一个重要内容，国家公园中也有相关的经济主义评估，例如国家公园的能见力度。冯艳滨等(2017)提出，总体看美国国家公园有三个思想理念：一是为公众游憩享用的目标，二是作为国家公园的象征，三是以荒野伦理为中心的生态伦理观念。荒野是美国国家公园的重要特征，国家公园是美国荒野思想的形成地，是荒野伦理的第一实践地，是荒野哲学衍生的产物。美国的荒野生态伦理观塑造了国家公园的生态道德体系。荒野思想影响下的国家公园的管理方式是人与自然签订契约，这种契约是基于“人与自然平等”关系，它内在地规定了人的行为。

包庆德等(2012)介绍了美国著名环境保护主义者和环境保护的思想先驱奥尔多·利奥波德的土地伦理和生态整体主义思想；在另一篇文献(包庆德等，2013)中梳理和解读了荒野哲学思想发展脉络、荒野范畴及价值探讨、荒野哲学真伪命题辨析和荒野思想本土实践进程等。夏承伯(2012)解读了缪尔的荒野自然观和国家公园实践观。于川(2017)提出，利奥波德眼中的土地是指基于土地而存在的一种生态关系，这种生态关系与人类的生存与生活是紧密相连的，哪怕人们并未清楚地意识到这种联系的存在。再如高健等(2009)的《利奥波德环境伦理思想及其研究述评》。

在涉及对西方环境伦理发展的回顾的学位论文或相关的文学作品中，也多有对“国家公园之父”缪尔、“土地伦理之父”利奥波德等人及其思想理念的介绍。例如陈学谦(2014)在博士论文《诺贝尔文学奖美国获奖作家作品之环境伦理思想研究》中介绍了环境伦理学思想先驱，包括爱默生、梭罗、缪尔、利奥波德和卡逊，其中讲述了缪尔将环境保护运动付诸实践，推进了国家公园运动，是“国家公园之父”；再如张晓媚(2016)的博士论文《绿色发展视野下的自然价值建构研究》，成强(2015)的博士论文《环境伦理教育研究》，刘春伟(2014)的博士论文《20 世纪西方文学作品的生态伦理思想研究》，包双叶(2012)的博士论文《当前中国社会转型条件下的生态文明研究》，王希艳(2010)的博士论文《环境伦理学的美德伦理学视角——西方环境美德思想及其实践考察》，卢国荣(2008)的博士论文《二十世纪美国生态环境的文学观照——文学守望的无奈及其久远的影响》，朱新福(2005)的博士论文《美国生态文学研究》，曾建平(2004)的博士论文《自然之思：西方生态伦理思想探究》，王万翔(2013)的硕士论文《美国生态作家"荒野"思想研究——以西格德·F.奥尔森等为例》，薛晶(2011)的硕士论文《生态学与资源保护》，姜锋雷(2008)的硕士论文《中西环境伦理思想发展状况比较研究》，夏承伯(2008)的硕士论文《生态哲学维度——从绿色经典文献看20世纪生态思想演进》等。

2. 环境正义

部分学者对美国的环境伦理持有批判态度，大多是关于"环境正义"问题，国家公园也是该问题的一部分。

巩固(2008)提出处于不同地位的社会阶层对环境的态度是大相径庭的，自然在中产阶级眼里是荒野，是休闲，是娱乐；在穷人眼里，自然则是面包，是家园，是生存。他认为，环境伦理学是西方浪漫主义运动和生态科学交汇融合的产物，反映了西方文化背景下特定阶层对于自然的特定偏好，绝不是一种放之四海而皆准的真理。郭亚红(2014)认为缪尔倡导的"环境保护"容易导致"富人伦理"和"西方霸权伦理"的嫌疑，产生环境正义问题，而"环境保持"通过"以人为本"的认识论转换和伦理观的新拓展，对消除环境正义问题具有一定的社会意义和实践价值。韩立新等(2007)指出环境伦理学正处于从自然的权利向环境正义的转型时期，自然的权利、环境正义、社会变革是环境伦理学的三个关键词，而美国环境伦理学一般只承认自然的权利，很少研究环境正义和社会变革。何树勋等(2010)提出美国自然观的悖论是征服与保护并行。胡志红(2005)指出如画美学影响了美国人的自然观，美国的资源保护就是按照如画美学的原则来管理自然资源而不是保护自然，资源管理的最高目的是"使用和享用"，而自然作为如画商品的这种意识反映在国家公园的设计和经营上。王小文(2007)在《美国环境正义理论研究》中提及了国家公园。

3. 规划和工程

少数规划设计类和工程技术类学位论文的部分内容涉及美国环境伦理或生态思想。

陈首珠(2015)在博士论文《当代技术——伦理实践形态研究》中从历史的角度，探讨了古代中西方技术与伦理之间的关系，分析论证了工程技术和生态伦理之间实践模式。

于冰沁(2012)的博士论文《寻踪——生态主义思想在西方近现代风景园林中的产生、发展与实践》提出的生态主义思想推动了国家公园系统的建立，提到了国家公园中系统景观规划方法的运用和公众参与。

张博(2014)在硕士论文《生态绿道设计的土地伦理观审视》中以美国绿道设计为案例,分析了利奥波德的土地伦理思想对现代生态设计的指导作用。

杨会会(2012)在硕士论文《近代美国规划设计中生态思想演进历程探索》中梳理了美国规划与设计中的生态思想发展脉络,其中介绍了1872—1929年国家公园的发展,认为在"朴素生态观"阶段(1870—1930),国家公园的设计特点是"维护风景品质与保护自然资源,同时注重娱乐功能开发",并体现生态思想"生物、地质、美学和文化价值的自然、历史、文化与风景资源保护结合起来,自然为经济发展利用"。

梁诗捷(2008)在硕士论文《美国保护地体系研究》中概述了环境伦理学的发展历程、主要理念,并介绍了荒野保护理论和可持续发展理论;总结了美国国家公园的发展沿革、系统类型、管理,并介绍了优胜美地国家公园(也称约塞米蒂国家公园)案例,包括建园与保护思想、现代规划与管理等。

1.2.2 国家公园相关研究

1.2.2.1 国内外图书

国内外关于"美国国家公园"主题的图书众多,以介绍美国国家公园概况居多,如 *National Geographic Complete National Parks of the United States* Moon USA National Parks:The Complete Guide to All 59 Parks《黄石公园:超级大火山》《绿色家园的保障:美国和加拿大50个天堂级的国家公园》,也有介绍其发展历程的,比如《The National Parks: America's Best Idea》《The National Parks: Shaping the System》《Our National Park System:Caring for American's Greatest Natural and Historic Treasures》。

值得注意的是,中国近几年关于国家公园研究的图书明显增多,书中内容多有美国案例的分析,比如国家林业局森林公园管理办公室和中南林业科技大学(2015)的《国家公园体制比较研究》,介绍了美国国家公园的发展、选定标准、法律体系和管理模式;杨锐(2016)在《国家公园与自然保护地研究》中全面分析了美国国家公园的体系发展、立法和执法、规划体系等。《中国国家公园规划编制指南研究》(杨锐等,2018)也是在分析美国、加拿大等国家规划文件的基础上,提出了中国国家公园规划的层级、总体规划技术指南和制度建议等。

1.2.2.2 国外文献数据库

英文文献资料主要依托两大数据库:Web of Science(简称 WOS)核心合集和

中国知网(简称 CNKI)外文文献库。

一、检索路径和结果

检索 Web of Science 核心合集数据库中截止 2018 年的文献数据如下。

按照主题“national park”检索,文献总数:71 329 篇。进一步限定,按照主题“national park”,并含“US”或“U. S. ”或“American”或“United States”检索,文献总数:532 篇(图 1-7,图 1-8)。

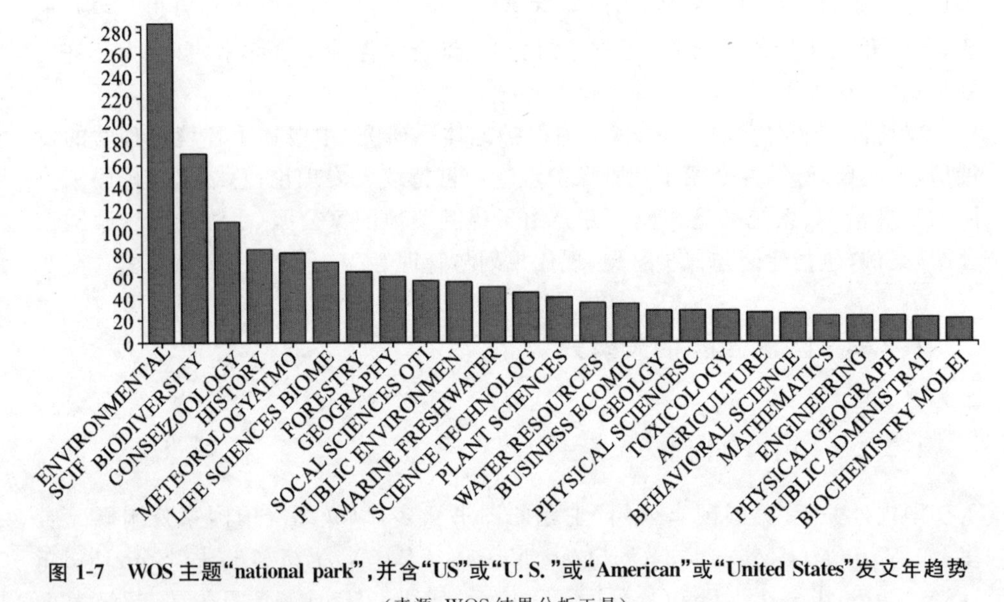

图 1-7　WOS 主题“national park”,并含“US”或“U. S. ”或“American”或“United States”发文年趋势

(来源:WOS 结果分析工具)

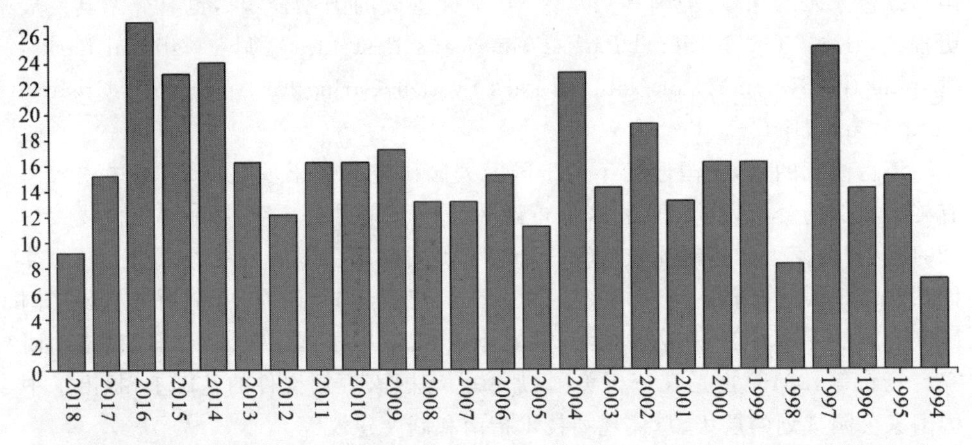

图 1-8　WOS 主题“national park”,并含“US”或“U. S. ”或“American”或“United States”研究方向

(来源:WOS 结果分析工具)

检索中国知网外文文献库库中截止 2018 年的文献数据如下。

按照主题“national park”检索，文献总数：26 372 篇。进一步限定，按照主题“national park”，并含“US”或“U. S.”或“American”或“United States”检索，文献总数：460 篇（图 1-9，图 1-10）。

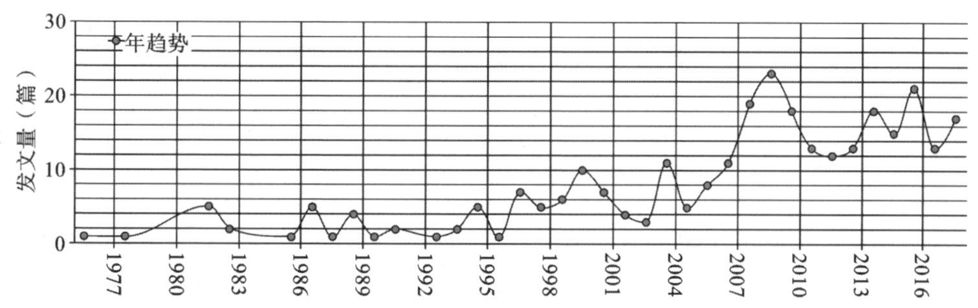

图 1-9 CNKI 篇名“national park”，并含“US”或“U. S.”或“American”或“United States”发文年趋势

（来源：CNKI 计量可视化分析）

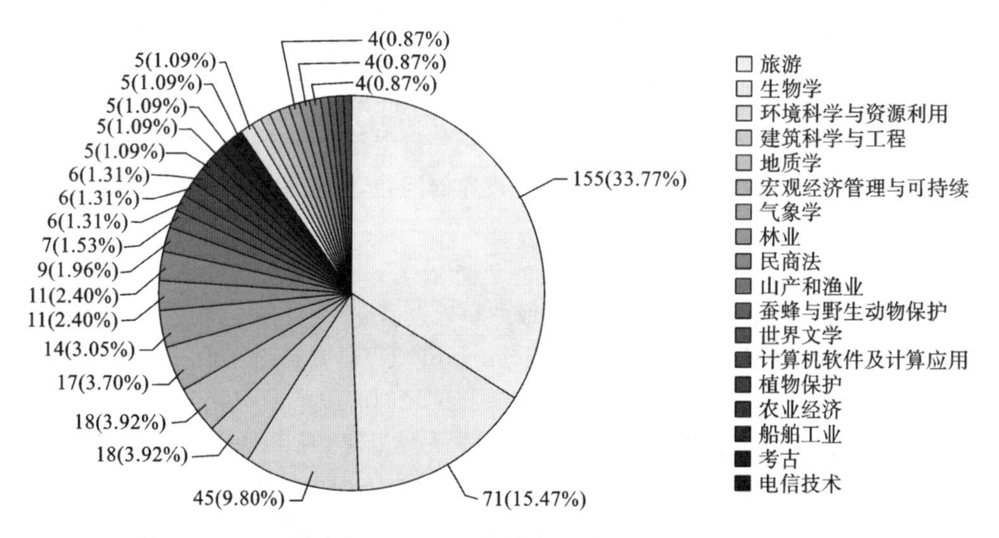

图 1-10 CNKI 篇名“national park”，并含“US”或“U. S.”或“American”或“United States”主要学科分布

（来源：CNKI 计量可视化分析）

二、已有研究综述

国外关于“美国”“国家公园”的文献研究始见于 20 世纪 30 年代，21 世纪初发文量迅速增加，近年发文量处于波动状态，相关研究主要集中在旅游、生物学、环境科学、建筑学等学科领域，研究内容主要包括野生动物、植物植被、气候变化、地质土壤、水文水质、土地利用、急救医疗、游客安全等。其中，与“规划设计”“建设发展”“环境伦理”“生态环境”相关的研究内容主要有以下三个方面。

1. 土地利用、建设发展、气候变化等对美国国家公园生态环境的影响

Andrew J. Hansen 等(2014)评估了土地利用、建设发展、气候变化等对美国国家公园生态环境的影响,并模拟了未来美国国家公园对气候和土地利用变化的反应以及对植被群落产生的影响。Cory R. Davis 等(2011)分析研究了美国 57 个最大的国家公园从 1940 年以来的土地变化情况,指出公园周边土地利用变化严重,而且周边景观影响了公园内的生态功能。Nathan B. Piekielek 等(2012)选择了四个试验区,研究了美国国家公园中土地使用对生境的影响。Urs Gimmi 等(2010)通过对 Indiana Dunes and Pictured Rocks 国家湖滨公园的道路和建筑增长的研究,提出保护区周边用地的建设发展会影响保护区的生态多样性,引起生态系统的隔离,因此有必要在保护区以外的更大范围内进行保护规划。Rob Ament 等(2008)通过对 106 个国家公园单元的调研分析了道路对野生动物群落的影响。Christopher Monz 等(2016)以美国国家公园为例,研究了游客交通对公园和保护地的影响,认为公园的交通系统虽然仍令人满意,但是这种传统的、需求驱动的规划和管理方法可能会对生态环境造成意想不到的影响,并提出了改进保护区交通系统潜在生态影响管理的框架。Langdon Smith 等(2015)通过对两个国家公园的调查,介绍了国家公园管理局应对气候变化的新运动,包括鼓励游客在回家后改变行为,还认为参与超越公园边界的问题,标志着国家公园管理局实现了使命的转变。

2. 人对美国国家公园生态环境的影响

Lawrence F. Wolski 等(2015)选取 9 个地点研究了大沼泽地国家公园内研究者探访对动植物的影响。Myron F. Floyd 等(1997)研究探讨了两个国家公园环境中游客对环境影响的可接受性与环境关注度之间的关系。

3. 美国国家公园事务中与生态环境相关的思想、科研和管理、建设等

Stanford E. Demars(1990)阐述了浪漫主义与美国国家公园。国家公园思想是在自然浪漫主义支配着美国人的景观美学意识的时候形成的,在 19 世纪最后的几十年里,美国国家公园主要是作为浪漫的旅游胜地,虽然在 20 世纪,公众对公园的看法已经多元化,但其根本还是源起于浪漫主义。

David J. Parsons(1990)介绍了科学研究在维护美国国家公园生态系统中的历史和近期动向,并认为国家公园在保护(preserve)自然生态系统上的长期成功,取决于国家公园管理局对于研究自然生态系统和人类活动影响的科学的支持。Robert Dolan 等(1978)研究了资源管理和环境动态的关系,认为管理政策应尽可能允许自然力支配的演化以及由此产生的风景和生态景象,这不是对政策的忽视,而应理解为与自然共存的立场(而不是人类控制自然)。特许经营权应以此为重要原则和出发点,知情人员主持解说项目是这类资源管理政策成功应用的关键。对于调整并与自然共同生活的哲学的应用,需要努力让公众认知不断变化的

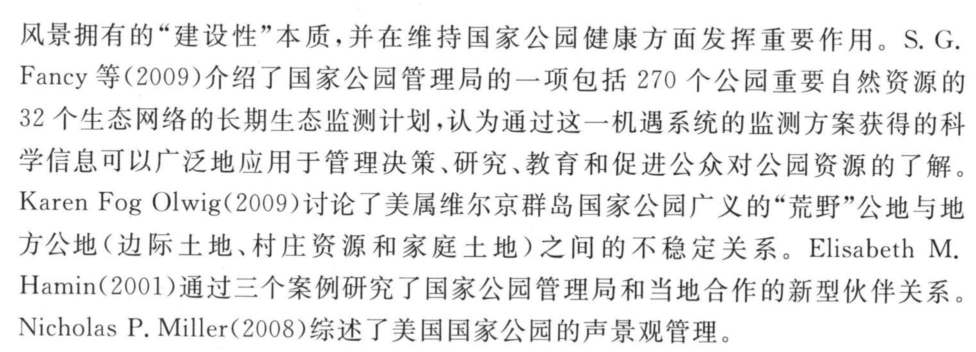

风景拥有的“建设性”本质，并在维持国家公园健康方面发挥重要作用。S. G. Fancy 等(2009)介绍了国家公园管理局的一项包括 270 个公园重要自然资源的 32 个生态网络的长期生态监测计划，认为通过这一机遇系统的监测方案获得的科学信息可以广泛地应用于管理决策、研究、教育和促进公众对公园资源的了解。Karen Fog Olwig(2009)讨论了美属维尔京群岛国家公园广义的“荒野”公地与地方公地(边际土地、村庄资源和家庭土地)之间的不稳定关系。Elisabeth M. Hamin(2001)通过三个案例研究了国家公园管理局和当地合作的新型伙伴关系。Nicholas P. Miller(2008)综述了美国国家公园的声景观管理。

Mark W. Paschke 等(2000)通过实验探讨了 Mesa Verde 国家公园中栽培技术结合本土植物恢复公路边坡植被的有效性。Ervin H. Zube(1995)探讨了国家公园管理局在绿道演变(代表了公共和私有资源所有权，复杂的资源库，创新地管理各级地方政府、地方组织和公民团体方法的演变)中的角色。David M. Diggs 等(2013)利用地理信息系统和证据权重法重构了 Rocky Mountain 国家公园中美洲土著的神圣景观。

1.2.2.3 国内文献数据库

中文文献资料主要依托中国知网中文文献库。

一、检索路径和结果

检索中国知网中文文献库中截止 2018 年的文献数据如下。

按照主题“国家公园”检索，文献总数：8143 篇。进一步限定，按照主题“国家公园”并含“美国”和含“规划”检索，文献总数：264 篇(图 1-11，图 1-12)。

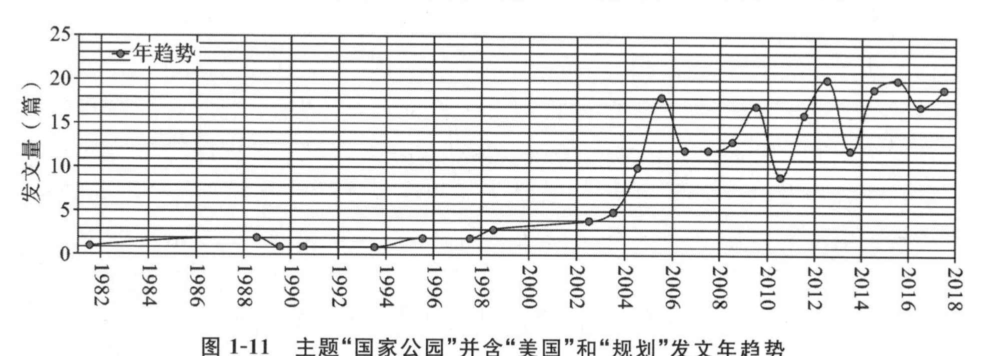

图 1-11 主题“国家公园”并含“美国”和“规划”发文年趋势

(来源：CNKI 计量可视化分析)

二、已有研究综述

国内关于“美国”“国家公园”“规划”的文献研究最早见于 20 世纪 80 年代初，21 世纪初开始发文量迅速增加，近几年呈波动趋势，学科领域主要集中在建筑学、旅游、环境科学、法律、文化等学科领域。与“规划设计”或者“环境伦理”“环境思

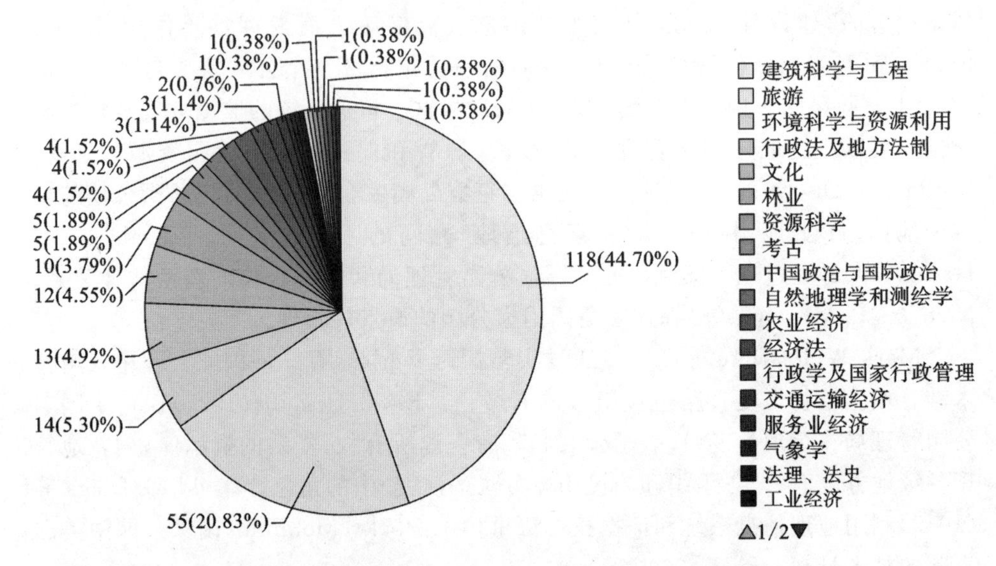

图 1-12　主题"国家公园"并含"美国"和"规划"学科分布

（来源：CNKI 计量可视化分析）

想""生态思想"相关的研究内容主要集中在以下两个方面。

1. 公园体系、规划体系、某类规划

唐小平等(2018)提出中国国家公园规划体系应包括 2 个序列和 4 个层级，一个序列是宏观国家层面的顶层设计，包括国家发展规划和专项规划，一个序列是实体国家公园层面，包括总体规划、专项规划和管理计划、年度实施计划。杨锐(2001)概括了美国国家公园体系发展的六个阶段，在美国的经验借鉴中提出美国国家公园的管理者将自己定位于管家或者服务员的角色，而不是业主的角色，认为国家遗产的继承人是当代和子孙后代的全体美国公民，管理者对遗产只有照看和维护的义务，而没有随意支配的权利。这种遗产保护中的伦理观念，在我国的遗产保护中应予以提倡。在另一文(杨锐，2003a)中介绍了美国国家公园规划发展的三个阶段及每个阶段的特点，总结了规划决策体系的逻辑关系和构成要素，并评述美国国家公园规划体系是以法律为框架、规划面向管理、以目标引领规划的。

李如生等(2005)介绍了美国国家公园规划体系编制的原则、主要内容和基本框架，总结了规划体系的特点。杨伊萌(2016)介绍了美国国家公园规划的发展阶段，并依托美国丹佛服务中心的文献与信息资料，梳理对比了 2016 年开始的新规划体系构架的特点和与当前强调层次性的既有规划体系的区别。刘海龙等(2013)概述了 20 世纪 70—80 年代美国国家公园体系规划与评价的发展，重点分析了自然类型国家公园体系评价与规划的相关步骤与内容。何建立(2016)在硕士论文《中国国家森林公园与美国国家公园规划建设与管理的比较研究》中概述了美国国家公园规划发展阶段、规划特点以及总体管理规划。

赵智聪等(2017)介绍了美国国家公园管理局中负责国家公园系统的规划、设计和建设管理的部门丹佛服务中心，提出其以保护为根本准则、以科研为重要内容、以详细规范控制质量、以广泛合作实现共赢的特点，并针对中国自然保护地相关规划提出了三项建议：一是在制度设计上强调自然保护地规划与设计的严肃性、科学性和强制性；二是在内容和深度上强化基于调查数据、科学分析和多方案比较后的科学决策；三是在规范性上逐渐形成适合中国实情的标准和规范体系。

杨子江等(2015)梳理了美国国家公园总体管理规划的发展历程，分析了其采用的理性规划模型，并认为规划的核心内容是管理区划，游客体验和资源保护(VERP)方法是关键技术，并提出对我国的启示——规划面向管理、面向综合，重视规划的过程价值，探索完善规划理论与方法。张振威等(2015)介绍了美国国家公园管理规划的公众参与制度。

另有多篇文献介绍与规划建设相关的内容(多以某个美国国家公园为例)，例如志愿者服务(郭娜等，2017；王辉等，2016a)、导识系统(薛岩等，2016)、解说服务(张婧雅等，2016；王辉等，2016c；孙燕，2012)、公园路景观设计(毛彬等，2016)等。

2. 生态思想、管理理念

王辉等(2016b)从时间和事件两个维度出发，梳理了荒野思想的发展进程和美国国家公园的荒野管理，并以优胜美地国家公园为例，剖析了荒野管理的两大重要因素：公园管理和游客参与。吴保光(2009)在硕士论文《美国国家公园体系的起源及其形成》中提及了美国国家公园建立的历史背景之一是国家资源战略，思想渊源来自爱默生、梭罗和缪尔，在国家公园体系的发展中也提及了资源保护主义和自然保护主义的影响。

陈耀华等(2016)以美国为例，从生态概念、生态功能和保护利用的生态措施三个方面探讨了国家公园的生态观。文中提出国家公园最重要的生态内涵是资源的生态基地和保护利用的生态要求，生态功能包括生态保护功能、生态服务功能和生态科教功能，生态措施包括大生态观、整体保护、自然本底、优化管理以及和谐发展。汪昌极等(2015)梳理了美国国家公园管理局百年发展历程，并总结了管理理念、管理思路和制度、公众参与三个方面的经验，其中提出美国国家公园充分体现了“保护为主和全民公益性为主”的管理理念。

另外，有多篇文献部分涉及国家公园的相关内容，如高科(2015)提及了欧洲浪漫主义思潮和19世纪中后期工业化、城市化进程对美国人的环境观念产生的影响，在另一文(高科，2016a)中介绍分析了罗伯特・基特尔的著作《完好无损地保护：美国国家公园思想的演变》，在博士论文(高科，2017a)中将美国国家公园建设运动置于西部边疆开发终结与荒野价值观念转变的历史背景下，着重从国家公园运动的发展与管理体制构建的角度，考察美国早期的国家公园建设及其对生态环境和印第安人产生的影响,文中提及"自然资源开发与荒野边疆的终结""从厌恶到欣赏:美国荒野观念的转变"是美国国家公园运动兴起历史背景的其中两个,并认为美国国家公园运动的兴起标志着人与自然关系进入一个新的时代。王连勇和霍伦贺斯特·斯蒂芬(2014)提及美国国家公园体系可供世界其他国家参照的经验,包括"始终贯彻资源保护和访客利用相结合的公园哲学理念",这是一种面向未来可持续发展的公园哲学理念,肇始于约塞米蒂和黄石公园的建设实践,在其后的公园体系拓展、管理体制创立与完善的过程中,不断得到深化、丰富与发展。聂军等(2014)简述了荒野保存主义思想、进步主义资源保护思想、深生态思想对美国国家公园发展的影响。

1.2.3 小结

目前与美国国家公园环境伦理相关的研究,国外研究集中在应用层面,包括伦理观念在国家公园生物、道德和审美、土地管理等方面的应用;国内研究集中在理论层面,主要围绕介绍和分析与环境伦理相关运动和思想、人物和作品以及探讨国家公园中的环境正义而展开,在少量研究西方或者美国的规划设计或工程技术中有涉及环境伦理或者生态思想的内容。

与美国国家公园相关的研究,国外研究主要围绕生态环境展开,包括各类因素(土地利用、建设发展、气候变化、人类行为等)对国家公园生态环境的影响,以及与国家公园生态环境相关的思想、科研、管理、建设等。国内研究主要集中在对美国国家公园体制、管理、法律、生态、规划、旅游等方面,关于规划的研究主要包括规划体系发展、某类规划研究(总体管理计划、解说规划、志愿者计划等)等,与环境伦理相关的研究主要包括分析美国国家公园的生态思想和管理理念等。

综上所述,关于美国国家公园规划的研究,国内外鲜有基于环境伦理的视角,并且环境伦理研究中也尚未涉及美国国家公园规划的主题,因此有必要基于环境伦理的视角对美国国家公园规划体系开展系统的分析、深入的研究。

1.3 研究重点

本研究的重点集中在三个方面:一是探析随着社会发展,在不同环境伦理观影响下形成的美国国家公园规划体系在不同阶段的主要特征;二是解读 20 世纪 90 年代以来,在现代环境伦理观指导下形成的美国国家公园规划体系的主要特征,并结合案例分析规划体系的具体形制;三是根据美国经验,结合中国国情,提出中国国家公园的环境伦理观以及国家公园规划体系的构建思路和框架。

其中,前两个方面是关于美国国家公园规划体系本体的研究,第三个方面是关于中国本土化的研究。

1.4 研究方法

1.4.1 文献研究法

依托作者在美国留学期间的学术资源,研究素材主要来源于英文原版书籍、文献和档案资料,以及调研美国国家公园管理局丹佛设计中心所获取的规划资料、美国相关官方网站资料,以相关中文书籍、文献为辅助,通过原始资料为主、二手资料为辅的文献研究方式,力图全面、详细地分析美国环境伦理以及国家公园规划的相关内容。

1.4.2 学科交叉法

国家公园规划属于交叉学科研究领域。本研究立足于风景园林学,以环境伦理学为视角,综合运用了多个学科的理论知识和研究方法。在分析环境伦理与国家公园规划的关系时,运用了科技体系和环境伦理理论;在梳理美国环境伦理演进和美国国家公园规划体系演变时,运用了历史学的文献研究方法;在分析美国和中国现代国家公园规划体系时,运用了风景园林学、城乡规划学、生态学、地理学等学科的理论和方法。

1.4.3 专家访谈法

深入访谈专业人士,以获取一手专家观点。访谈专家包括美国国家公园管理局丹佛服务中心的自然资源专家 Alex Williams 和 Michael Rees、环境和自然资源经济学家 Tatiana Marquez、社区规划师和项目经理 Erin Flanagan、公共事务专家 Sally Mayberry、办公室主任 Samantha Richardson,美国景观建筑协会理事、DHM 设计公司的 Robert W. Smith,以及美国威斯康星大学麦迪逊分校尼尔森环境研究所项目主任、景观保护实验室教授 Janet Silbernagel 和主任助理 Nathan Schulfer 等。

1.4.4 实地调研法

实地考察若干美国国家公园和中国国家公园，包括美国的大沼泽地国家公园、黄石国家公园等，以及中国的神农架国家公园，直观观察、感受公园的规划和人类的态度、行为，采集第一手的现场资料。

1.4.5 案例研究法

依托美国国家公园管理局丹佛服务中心提供的规划资料，选取优胜美地国家公园、金门国家游憩地等典型国家公园案例深入分析总结美国国家公园规划的特征；对于中国国家公园规划体系现状问题的研究，选取了三江源国家公园试点和神农架国家公园试点案例进行解析，以案例为支撑论证研究提出的观点和结论。

2

研究基础：基本概念、关联性分析和研究范式

本研究属于跨学科研究，因此首先应明确环境伦理和国家公园规划的关联，明晰研究范式。本章解析了环境伦理和国家公园的概念，阐述了环境伦理和国家公园规划的关联性，在此基础上进而确定了“两个层次，四个维度”的研究范式。

2.1 环境伦理

2.1.1 环境伦理的概念

“伦理”(ethic)一词源出希腊文 ετησs，意为品性、风俗、习惯。“道德”(morality)出自拉丁文 mos，意思是习俗、礼仪以及品性、品德。因此伦理和道德在西方的词源含义完全相同，都是指人们应当如何行为的规范，伦理学又称为道德哲学。

环境伦理是关于人与自然的伦理。作为一门学科，环境伦理学是一门新兴的伦理学学科，于 20 世纪 70 年代诞生于美国。多数学者认为它是生态学和伦理学的交叉学科，属于当代应用伦理学的三个典型学科之一(另外两个是经济伦理学和生命伦理学)。传统伦理学认为伦理关系只存在于人和人之间，环境伦理学产生于人们对环境问题的深层反思，它依托生态学的科学基础，将道德关怀从人向外扩展到自然，并试图用道德来约束人对自然的行为，同时将人际义务扩展到了代际之间。

国际环境伦理学学会创始人、前主席霍尔姆斯·罗尔斯顿(1999)认为环境伦理学是关于自然界价值与人类对自然界义务的理论与实践。中国环境伦理学研究会创始人、前会长余谋昌等(2004)提出环境伦理学是关于人与自然关系的伦理信念、道德态度和行为规范的理论体系，它是一门尊重自然的价值和权利的新的伦理学。它根据现代科学所揭示的人与自然相互作用的规律性，以道德为手段从整体上协调人与自然的关系。中国社会科学院哲学研究所研究员杨通进博士(2007)认为学术界对于环境伦理的定义主要有两种看法，一种是“关系说”，认为环境伦理学是研究人与自然的伦理关系的学科；一种是“义务说”，认为环境伦理学是研究人对自然的道德态度和行为规范的学科。

在西方学术界，“环境伦理学”和“生态伦理学”是同义术语。80 年代初，中国从苏联学者的“生态伦理学”文献中了解西方环境伦理思想，因此早期使用的是“生态伦理学”。随着“环境伦理学”成为国际上该学科最为通行的名称，90 年代末以来，“环境伦理”和“环境伦理学”也成为中国学术界的通用术语。本研究中“生态伦理”与“环境伦理”同义。

2.1.2 环境伦理的属性

环境伦理来源于人类对现实环境问题的反思,其形成的根本缘由在于人对自然关系的重新审视。它既是一种环境道德思想,也是一种指导人类实践活动的行为规范,广泛渗透并应用于决策、科学技术和工程、人口和生态保护、可持续发展、环境法制和环境教育等社会领域之中(余谋昌等,2004)。

环境伦理研究理论和实践问题,具有道德哲学和应用伦理学的双重属性。作为一种道德哲学,它探讨与人们的价值观有关的基础性的、宏观的、形而上的问题,给人们提供关于人与自然关系的完备性学说和完美的生活理想;作为一种应用伦理学,它注重与环境保护的制度设计及政策决策有关的实践问题,注重特定抉择的可行性与有效性(杨通进,2008)。

2.1.3 环境伦理的结构

对于环境伦理的结构,不同学者有不同的理解。但是在环境伦理结构中兼顾考量环境伦理道德哲学和应用伦理学属性的学者较少,西方的学者如泰勒、罗尔斯顿,中国的学者如余谋昌、裴广川、曾建平、叶平。

保罗·泰勒(Paul Taylor)(2010)在"生物中心论"世界观的基础上,提出终极道德态度"尊重自然",并提出尊重自然的态度必须在日常生活中通过一系列相应的行为规范和准则表现出来,包括四项基本原则——不伤害原则、不干涉原则、忠贞原则和补偿正义原则,人类与非人生物利益发生冲突时的五项优先原则——自我防御原则、对称原则、最小伤害原则、分配正义原则和补偿正义原则。

罗尔斯顿(2000a)在"自然价值论"的生态中心世界观的基础上,提出人类对大自然的义务是"遵循自然",并将环境伦理学理论应用于对政府决策、企业行为和个人生活。关于公共土地中环境保护的原则和策略,他提出使各种互不冲突的价值得到最大限度的实现;不要低估零散的价值;避免不可逆变化;优化自然界的多样性;最大限度地促进大自然的稳定性;物种没有主人,政府是它们的受托者;增加选择的机会;避免中毒性威胁;不能对未来的环境打折扣;与环境有关的工程不要强行上马;不要不负责任地做出决策;勿把残存的荒野地推向市场;不能以不可恢复的方式或消费性方式来使用现存的荒野地以满足社会中少数人的需要;使量化模型的潜在价值判断明晰化;保护少量型利益,特别是在被保护的利益是非消费性的利益且对利益的保护不要求人们做任何事的时候;环境决策必须打破永恒增长的模式;环境决策应能唤醒以往那些潜在的和新近产生的价值观。

余谋昌等(2004)认为自然价值观和权利观是环境伦理学的基本理论，人与自然的协同进化是环境伦理的基本原则和根本标准，据此提出环境道德的主要规范——保护环境、生态公正、尊重生命、善待自然、适度消费。裴广川(2002)认为自然价值观是环境伦理学的哲学基础，环境道德的基本原则包括可持续发展原则、人类生存与自然环境的协调原则、环境平等原则，环境道德的主要规范包括保护地球，可持续的生活；善待自然，热爱自然；积极投身环境保护的献身精神。曾建平(2002)提出西方环境伦理思想的逻辑框架包含理论预设、重要理念和主要规范。理论预设是自然价值和自然权利；重要理念包括西方生态伦理思想两大派系的共同理念——公正和可持续性，不同理念——以人类共同利益为理念目标和地球优先的理念诉求；主要规范包括洁净生产、合理消费和适度人口。叶平等(1992)认为基于生态规律的"人与自然协同进化"是环境伦理学的出发点和最终目的，由此引申出来的生态道德哲学和生态道德学构成了现代生态伦理学的基础框架，沟通了理论和实践，以及伦理学信念、基本伦理态度和一整套生态道德规范之间的联系。生态道德哲学研究基本理论问题，是生态伦理学的元理论，是信念体系、基本道德态度和一整套伦理规则和标准的科学基础和哲学根据，主要包括四个问题——生态道德哲学世界观、生态价值观、生态权利观和生态利益观。生态道德哲学是一般性的理论指导，不能对人类实践活动提出具体的生态伦理规范。生态道德学研究在生态道德哲学指导下人们在具体道德实践中的价值规范和行为准则，在人工自然、原野自然中有不同的生态道德规范，野外的三大生态道德规范包括尊重生命、物种重于个体、尊重生态系统。

个人认为不同的学者对于环境伦理的出发点和落脚点、伦理理念和道德规范有不同的主张，但总体上认为，环境伦理具有从理论到规范的不同层次。个人认为环境伦理从理论到实践包括自然观、伦理信念和道德规范三个层次，作为环境伦理哲学基础的自然观，重点是明确对于自然界和人与自然关系的根本看法，伦理信念是建立在自然观基础上对于人和自然伦理关系的认识和信念，道德规范是为达到伦理信念在实践中需要遵守的行为准则(图 2-1)。

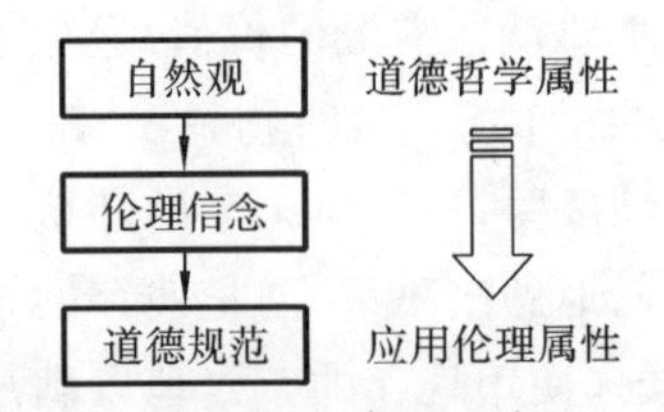

图 2-1　环境伦理的属性和结构

(来源：作者自绘)

2.2 国家公园和国家公园规划

2.2.1 国家公园

2.2.1.1 国际定义

国家公园是保护地的一种类型。世界自然保护联盟(IUCN)对“保护地”的定义是“用以保护生物多样性、自然及相关文化资源,通过法律和其他有效手段管理的陆地或海洋区域”[①]。

从1872年美国建立世界上第一个国家公园(黄石国家公园)至今,在近150年的历程中,国家公园这种自然地保护模式得到世界各国效法,在世界范围内广为传播,目前已有200多个国家或地区建立了国家公园。各个国家对于国家公园的定义不尽相同,但其共性是代表国家自然和文化核心特征的保护地(吴承照等,2015)。IUCN出版的《自然保护地管理类别指南》将国家公园表述为:大面积的自然或接近自然的区域,重点是保护大面积完整的自然生态系统。设立目的是为了保护大规模的生态过程以及相关的物种和生态系统特性,为公众提供了理解环境友好型和文化兼容型社区的机会,例如精神享受、科研、教育、娱乐和参观。这是目前国际上普遍接受的国家公园定义(唐芳林,2017)。

2.2.1.2 美国对国家公园的界定

美国的保护地发展已有一百多年历史,如今已建立较为完善的保护地体系,该体系主要包括国家公园系统、国家荒野保护地系统、国家森林(包括国家草原)系统、国家野生生物避难地系统、国家海洋避难地和江河口研究保护地系统、国家自然与风景河流系统等(陶一舟等,2007)。

1. 概念的演变

国家公园理念最早由美国艺术家乔治·卡特林(George Catlin)提出,意在为公众欢愉(enjoyment)建立大规模的自然保存区(natural preservation)。他是一位著名的美国印第安人画家,1832年,他在去达科塔地区的途中目睹美国西部扩

---

① 原文是An area of land and/or sea especially dedicated to the protection of biological diversity, and of natural and associated cultural resources, and managed through legal or other effective means. 来自https://www.iucn.org/downloads/en_iucn__glossary_definitions.pdf

张对于印第安文明、野生生物和荒野产生了毁灭性破坏，产生了深深的担忧，由此提出政府通过一些保护政策建立一个人与野兽共生的国家公园，展现自然美的野性和活力（Mackintosh，1985）。

1916 年以前，美国的国家公园由不同的部门管理，1916 年成立了国家公园管理局（National Park Service）对国家公园进行统一管理。1916 年美国国会通过的《国家公园局组织法案》（the Organic Act of 1916，以下简称《组织法案》）规定国家公园的根本目的是“为了当代人的欢愉保护风景、自然和历史文物以及其中的野生生物，并使它们不受损害地传续到下一代人”。

2. 组成和类别

1970 年美国国会颁布的《国家公园体系总则法案》（the National Park System General Authorities Act of 1970）中明确，组成国家公园体系的地区是民族遗产的累积表现。因此，加入国家公园体系的地区应该有独特的贡献，充分代表有国家特点的自然和文化资源。拟增设的地区必须满足四个条件——拥有国家重要的自然或文化资源，是对系统适宜的补充，具有加入系统的可行性，需要接受国家公园管理局直接管理而不是其他公共机构和私营部门的管理。这些标准确保了只有国家自然和文化资源中最杰出的范例才能进入国家公园体系。

广义的美国国家公园是指美国国家公园体系中所有的公园单元（park units）。截至 2016 年 12 月底，共有 413 个公园单元（units），19 个命名类别，遍布美国每个州（图 2-2）。其中，14％的公园单元名称含有“国家公园”（national park），其他的名称还包括国家纪念碑、国家历史遗址、国家战场、国家游憩地、国家海岸等。狭义的国家公园即指公园单元中“国家公园”这一类别的单元。

2.2.1.3 中国对国家公园的界定

中国的保护地有 60 多年的建设历史，包括多种类型，由不同的部门进行管理，包括多种类型，早期风景名胜区的英文翻译为 national park（国家公园）。据不完全统计，截至 2017 年 5 月 ，中国已经建立了自然保护区、森林公园、湿地公园、风景名胜区、水源保护区等多层级、多类型的自然保护地 12 000 余个，总面积（扣除重叠部分）约占中国陆域面积的 18％，超过世界平均水平（唐芳林，2017）。

1. 概念

早期，中国自然保护地中风景名胜区的英文翻译为 national park（国家公园）。根据《中华人民共和国风景名胜区条例》，风景名胜区是指具有观赏、文化或者科学价值，自然景观、人文景观比较集中，环境优美，可供人们游览或者进行科学、文化活动的区域。

2013 年中国提出建设国家公园体制。2017 年 9 月中共中央办公厅、国务院办公厅印发的《建立国家公园体制总体方案》对国家公园的界定是：“国家公园是

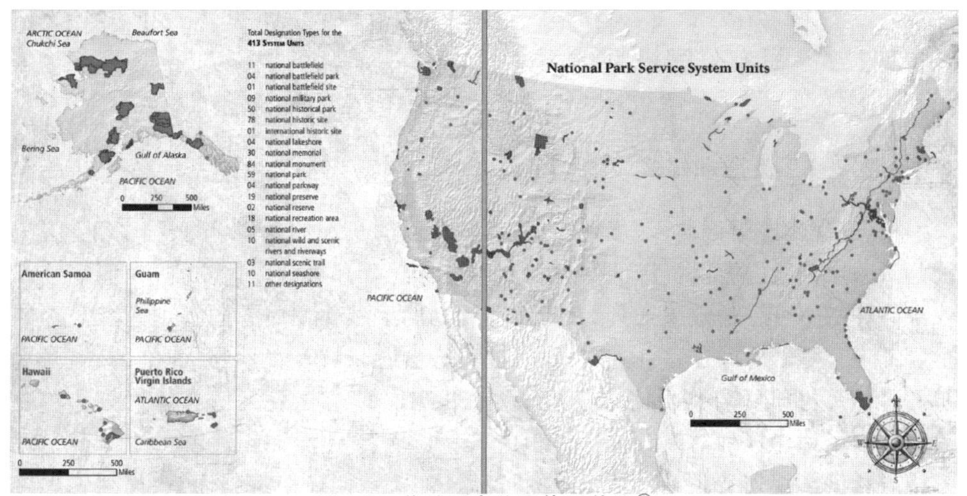

图 2-2　美国国家公园体系单元①

(来源:《美国国家公园管理局体系计划》(2017 年))

指由国家批准设立并主导管理,边界清晰,以保护具有国家代表性的大面积自然生态系统为主要目的,实现自然资源科学保护和合理利用的特定陆地或海洋区域”。

2. 定位

《建立国家公园体制总体方案》中提出国家公园的定位是“自然保护地最重要类型之一,属于全国主体功能区规划中的禁止开发区域,纳入全国生态保护红线区域管控范围,实行最严格的保护。国家公园的首要功能是重要自然生态系统的原真性、完整性保护,同时兼具科研、教育、游憩等综合功能”。2019 年 1 月 23 日中央全面深化改革委员会第六次会议审议通过了《关于建立以国家公园为主体的自然保护地体系指导意见》,提出形成以国家公园为主体、自然保护区为基础、各类自然公园为补充的自然保护地管理体系。

由此可见,国家公园对于自然保护地体系构建、国土开发保护以及生态文明体制改革具有全局性意义(唐小平等,2017),中国的自然保护事业实现了以自然保护区为主体向以国家公园为主体的历史性转变。

---

① 图上标注的美国国家公园和数量依次为:国家战场 11,国家战场公园 4,国家战地 1,国家军事公园 9,国家历史公园 50,国家历史遗址 78,国际历史遗址 1,国家湖岸 4,国家纪念馆 30,国家纪念碑 84,国家公园 59,国家林荫大道 4,国家保护区 19,国家自然保护区 2,国家游憩地 18,国家河流 5,国家荒野风景河和河道 10,国家风景道 3,国家海岸 10,其他类别 11。

2.2.2　国家公园规划体系

2.2.2.1　概念和组成

根据《现代汉语词典》，“规划”意为比较全面的长远的发展计划。国家公园规划是对国家公园内自然资源的保护和利用进行统筹部署和具体安排，是国家公园建设管理必不可少的政策工具之一，发挥规划的引领作用是各国管理国家公园的重要共识。随着时间推移，国家公园所处的社会背景和环境状态、面临的问题、承担的责任都更加复杂、更加多元。国际上，国家公园规划发展的总体趋势从单一规划转向了构建规划体系（唐小平，2018）。

通常城乡规划和风景园林行业的“规划体系”是指规划编制体系、规划管理体系、规划法规体系，本文所指的规划体系为规划编制体系，它是指所有类型规划的合集。

虽然各个国家对国家公园规划赋予了不同的定位和功能，但是总体来说从思想理念到行动措施可分为规划理念、规划目标和规划举措三个层面（刘李琨，2018）。规划理念是规划的指导思想，规划目标将指导思想具化为规划要完成的使命，规划举措是实现规划目标所需的规划形式和内容。

2.2.2.2　美国国家公园规划体系

美国国家公园管理局相关政策和技术文件中所指的公园规划体系，是指单个公园的规划体系。本研究认为国家公园规划的对象应包含所有公园单元，因此美国国家公园规划体系包括整个国家公园系统的规划和单个公园的规划。另外，美国国家公园的规划名称多用“计划”(plan)一词，本研究将其视作等同于“规划”的含义。

2.2.2.3　中国国家公园规划体系

关于中国国家公园规划体系中国，目前尚无国家层面的相关法律法规或技术标准对其进行界定，各地国家公园规划实践也是分头开展。从政策文件上看，《建立国家公园体制总体方案》中提出“编制国家公园总体规划及专项规划”，因此规划体系至少包括总体规划和专项规划两个层级。有专家学者结合国际经验提出了中国国家公园规划体系的构建设想。唐小平等（2018）提出中国国家公园规划体系应包括 2 个序列和 4 个层级，一个序列是宏观国家层面的顶层设计，包括国家发展规划和专项规划；另一个序列是实体国家公园层面，包括总体规划、专项规划、管理计划和年度实施计划。杨锐（2018）认为中国国家公园规划应该由多个层级的规划共同构成,包括系统规划、总体规划、专题规划、详细规划和年度工作计划 5 个层级。

2.3 研究范围

本研究的研究视角是"环境伦理",研究主体是"美国国家公园规划体系"。从国家公园规划的指导理论上看,国家公园规划涉及的学科领域广,受到多种哲学理论的指导,本文侧重研究环境伦理对美国国家公园规划体系产生的影响。

从国家公园和国家公园规划的类别来看,美国国家公园类型多样,例如自然型、历史文化型、游憩型等,而且往往一个公园中包含多种资源、具有多种功能,因此规划内容也涵盖多方面内容。本文将复杂的问题简单化以寻求普通规律,主要研究环境伦理对美国国家公园规划中与自然资源保护和利用相关内容产生影响的共性特征,因此不对国家公园规划进行分类研究。

2.4 环境伦理和国家公园规划关联性分析

2.4.1 双向互动关系

黑格尔说:"凡是合乎理性的东西都是现实的;凡是现实的东西都是合乎理性的。"每一历史时期产生的伦理道德,都是当时社会发展的产物,其存在顺应了社会发展的需要,发挥着引导和维系社会发展的作用,在当时的合乎理性,具有存在的必然性。而随着社会发展,人类理性进步,必然会淘汰桎梏社会进步、失去合理性的伦理原则和道德规范,除旧布新的发展合乎当下社会需要的伦理道德原则和规范,推动社会整体发展(杨英姿,2016)。

罗尔斯顿(2000a)提出"环境伦理学在实践上是急需的。不同的理论取向会导致不同的实践后果;在实践中遇到的问题又会迫使人们在理论上进行反思。"环境实践包括城市、乡村和荒野环境保护实践(叶平,2014),国家公园是荒野保护实践的一种类型。从时间维度的视角来看,环境伦理与国家公园规划等环境实践是相互影响的双向互动关系(图 2-3)。每个历史时期,环境伦理从价值观、伦理信念和道德规范的理论角度提供思想依据,指导国家公园规划工作的开展;国家公园规划通过建设效果,从实践角度提供应用反馈,印证、修正或驳斥环境伦理观点,促进环境伦理发展。

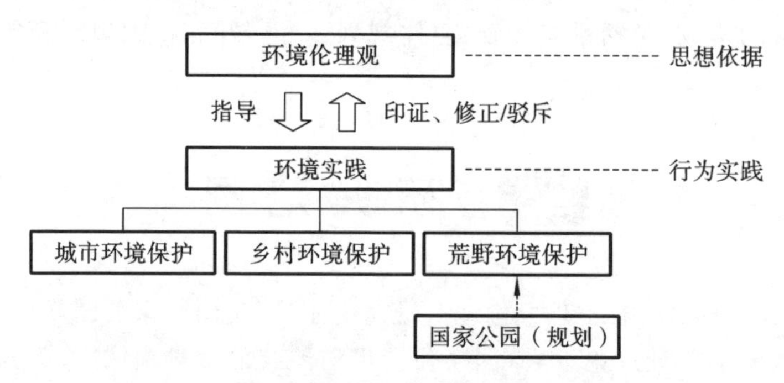

图 2-3 环境伦理与环境实践双向动态关联

（来源：作者自绘）

2.4.2 系统映射关系

理论源源不断地为实践提供指导，而实践对于理论的反馈则需要长时间的积累才能推进理论发展进入新的历史阶段。因此在某个时间段内，环境伦理和国家公园规划主要呈现单向的理论指导实践的关系。前文已述，环境伦理和国家公园规划都有各自的体系结构和内涵，那么这两个系统是如何产生联系的呢？

钱学森教授(1984)认为现代科学技术是一个整体，不可分割，它们的研究对象都是客观世界，只是研究问题的侧面和侧重点不同。按照研究客观世界的着眼点或者角度来划分，现代科学技术分为十大部类，即自然科学、社会科学、数学科学、思维科学、系统科学、人体科学、地理科学、军事科学、行为科学和文艺理论，十个科学部类的最高层次是哲学。除了文艺理论，科技部类的体系结构可以概括为“三个层次一座桥梁”(图 2-4)，三个层次从实践到理论分别是工程科学层次——直接改造客观的知识，技术科学层次——工程技术共用的各种理论，基础科学层次——认识客观世界的基本理论；“一座桥梁”是对应于该科学部类的哲学分论，将基础科学层次导向现代科学技术的结构顶层——哲学。以自然科学为例，最接近社会实践的是工程技术，例如土木工程、水利工程等；在此之上是对工程技术进行理论概括的技术科学，比如建筑学、水力学等；进一步上升到更高层次的基础科学，如物理学、化学、生物学等；通过自然辩证法上升到人类知识的最高概括——哲学。

国家公园是环境保护实践，国家公园规划需要风景园林、生态学、生物学、地理学、旅游学等多个学科的协作支持，主要涉及自然科学、地理科学、社会科学部类，以及工程科学和技术科学层次。环境伦理是生态学和伦理学的交叉学科，主要涉及自然科学和哲学分支，是国家公园规划依赖的科技部类所对应的哲学分论

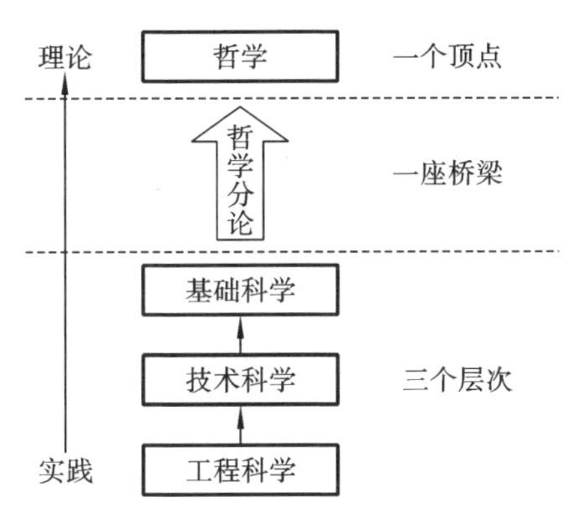

图 2-4　一般科技体系部类结构

(来源:作者自绘)

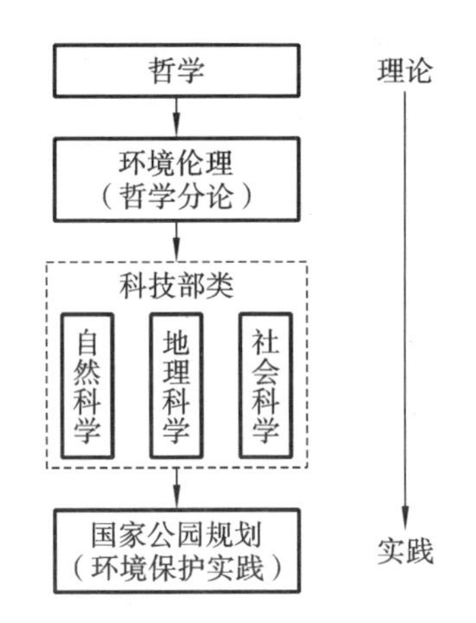

图 2-5　环境伦理与国家公园规划的科技体系结构关联

(来源:作者自绘)

之一(图 2-5)。而且,在美国,环境伦理在国家公园事务中发挥了重要的作用,因此环境伦理是美国国家公园规划重要的、直接的哲学指导。

前文已述,环境伦理包含自然观、伦理信念和道德规范三个层次。国家公园规划体系从理论到实践可分为规划理念、规划目标和规划举措三个方面。环境伦理结构的三个层次与国家公园规划体系的三个方面相对应。规划理念是规划的指导思想,受环境伦理自然观的影响;规划目标是将指导思想具体化为规划要完成的使命,是伦理信念的反映,是联系规划理念和规划举措的桥梁;规划举措是实现规划目标的具体规划形式和内容,是根据道德规范制定的(图 2-6)。

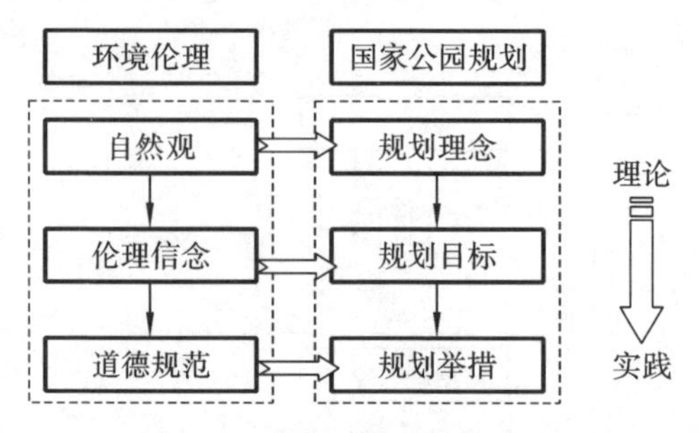

图 2-6　空间维度的系统研究思路

（来源：作者自绘）

2.5　研究范式

基于环境伦理的国家公园规划体系研究，是融合哲学、自然科学和社会科学的跨学科研究，既注重实践的理论研究，即社会实践的规律总结，又强调理论的应用研究，即规律的社会实践运用。本研究包含以上两方面内容，一方面全面深入研究美国国家公园规划体系，总结理论要点和实践规律，另一方面探索美国经验在中国的实践中如何应用。总体来说，本研究的研究范式可归纳为"两个层次，四个维度"。

2.5.1　两个层次

第一个层次是围绕美国国家公园规划体系的理论与实践相结合的内在研究层次，从宏观、中观和微观的角度对美国国家公园规划体系进行全面深入的解读，包括三个维度的研究——时间维度的宏观考察、空间维度的中观分析、具象维度的微观透视。第二个层次是围绕中国国家公园规划体系借鉴的外延研究层次，探索美国经验如何结合中国实际进行应用，包括运用维度的路径构建。

2.5.2　四个维度

概括而言，时间维度的宏观考察解析不同环境伦理观下美国国家公园规划体系的阶段特征，空间维度的中观分析总结现代环境伦理观下美国国家公园规划体系的系统特征，具象维度的微观透视解读现代美国国家公园规划体系典型案例对环境伦理的遵从，运用维度的路径构建探索搭建基于环境伦理的中国国家公园规划体系。

2.5.2.1 时间维度的宏观考察

时间维度的宏观考察是研究时间跨度从19世纪末至今，展现在社会背景变化、环境伦理发展的历史进程中，美国国家公园从规划实践产生到形成规划体系的历史过程。一方面揭示了美国环境伦理和国家公园规划的互动关系，另一方面通过宏观分析和案例研究诠释美国国家公园在不同环境伦理观影响时期的规划体系特征，以及较为成熟的现代规划体系的历史由来。

2.5.2.2 系统空间维度的中观分析

系统空间维度的中观分析是在宏观历史考察的基础上，以“现代”为节点，空间上以美国国家公园为载体，进一步深入分析20世纪90年代以来环境伦理指导下美国国家公园规划体系的特征。一方面验证现代美国国家公园环境伦理的自然观、伦理信念和道德规范，与国家公园规划体系的规划理念、规划目标、规划举措的系统映射关系，另一方面分析总结现代环境伦理观指导下美国国家公园规划体系的主要特征。

2.5.2.3 具象维度的微观透视

具象维度的微观透视是选取美国国家公园系统规划、单元规划和总体管理计划案例，解读现代美国国家公园规划体系中不同层级、不同类型规划对环境伦理的遵从。一方面为宏中观层面的研究提供实例支撑，另一方面近距离展示基于环境伦理的现代美国国家公园规划体系的形制，为其转化应用提供参考素材。

2.5.2.4 运用维度的路径构建

运用维度的路径构建是借鉴美国经验、比照中美异同、立足中国国情，提出中国国家公园伦理要旨，以及国家公园规划体系构建的思路和框架。一方面提出了美国国家公园规划体系构建经验本土化的方法，另一方面为中国国家公园规划体系建设提供新思路。

3

探源溯流：环境伦理演进视角的美国国家公园规划体系演变

本章是时间维度的宏观考察。从思想史的角度来看，西方环境伦理经历了孕育、创立和发展三个阶段，逐步形成了当前的理论多元化格局。环境伦理学作为一门应用伦理学，除了确定问题、澄清问题、提供严谨合理的哲学论证与规范之外，更重要的是能够给予社会实践以具体指导(郭亚红，2014)。

不同的历史时期具有不同的主流环境伦理观，指导社会实践向不同的方向发展。本章根据对社会实践产生影响的主流思潮变化将美国环境伦理演变划分为人类中心论主导、非人类中心论影响和多元融合观指导三个时期，然后论述了每个时期环境伦理思想及其对国家公园的影响，总结了每个时期国家公园规划体系的特征。

3.1 人类中心论主导时期：规划体系起步发展

这一时期是从19世纪末至20世纪50年代末。明智利用自然资源的人类中心论是美国人对待自然资源的行动原则，虽然整体生态观、荒野价值和土地伦理等非人类中心观点的出现让人们对人和自然的关系进行重新审视，但是对于社会实践的影响甚微。此时美国国家公园规划体系处于起步发展阶段，旅游需求促发了公园规划的出现；国家经济政策和访客量的激增带来了国家公园的大规模建设，推动了规划的发展升级。在功利的人类中心论基调的主导下，国家公园规划重点关注公众的使用和享乐需求，忽视对自然资源的科学管理；规划不成体系，主要基于各个公园来组织开展。

3.1.1 人类中心论的盛行

3.1.1.1 两种论点的思想雏形

19世纪的美国，“人类中心主义”“机械论自然观”盛行，普遍认为自然只是无精神的物质和可被拆解的零部件。建立在大规模资源开发基础上的美国资本主义经济得到了迅速发展，也对自然特别是森林产生了巨大的破坏。在欧洲浪漫主义运动和达尔文进化论学说的影响下，工业社会中人与自然的关系引起了美国哲学家、文学家和博物学家的批判性反思。

19世纪末，随着美国西部大开发导致的荒野边疆收缩，让美国人看待荒野的观念发生了巨大变化，荒野不再被完全视为是必须征服的对象，而是具有了国家认同的文化意义和为人类提供休闲娱乐的价值。同时，城市化、工业化带来的森林急剧减少、野生动物种类和数量急剧下降等自然生态的破坏，也让人们意识到荒野保护的重要性，远离自然的人们开始向往回归。

由此，19 世纪末至 20 世纪初，美国围绕原始森林和荒野发起了资源保护运动，成为世界环境保护运动的发源地，对其后的环保运动以及环境伦理思想的产生、发展都产生了重大影响。美国资源保护运动者因主张不同的资源保护方式，形成了两大阵营。一派是以吉福特·平肖为代表的功利主义的“资源保护主义者”(conservationists)，一派是以约翰·缪尔为代表的超越功利主义的“自然保存主义者”(preservationists)。资源保护主义和自然保存主义是后来环境伦理学内部人类中心主义与非人类中心主义的思想雏形。

吉福特·平肖(Gifford Pinchot，1865—1946)推崇“资源保护主义”，他热爱自然，但更关心如何发展国家经济。他提出了“科学管理、明智利用”的口号，认为为了大多数人以及人类的长远利益，应该有效地开发、合理地利用自然资源，并进行科学的管理。这是一种人类中心主义的资源管理方式，虽然它强调保护自然资源的重要性，但它看重的却是自然为人类带来的经济价值，实际保护的是人类的社会经济体系。

约翰·缪尔主张“自然保存主义”，他承认自然本身的价值，认为应保持其原始状态，反对在国家公园和自然保护区内进行任何有经济目的的活动。他于 1892 年发起建立了民间自然保护组织——塞拉俱乐部(Sierra Club)，并担任该组织的总干事。现在的塞拉俱乐部已成为世界闻名的大型环保组织之一。“自然保存主义”保护自然是因其本身的缘故，超越了狭隘人类中心主义的利我目的，体现了“生态中心”的自然保护思想。

3.1.1.2 “明智利用”大行其道

一、“明智利用”的功利主义促进国家公园制度的实施

进入 20 世纪后，人类中心环境伦理思想主张的“明智利用”成为资源保护运动的基本原则。“当美国人在 19 世纪开始保护大自然的时候，他们的指导思想完全是地地道道的人类中心主义的国家公园理想”(罗德里克·弗雷泽·纳什，2005)。虽然国家公园最初的构想是由自然保存主义者领袖缪尔提出，建立国家公园是为了将自然荒野地作为公共土地进行保留，但是美国人最早设立黄石国家公园、优胜美地国家公园的主要目的是为了人们的休闲娱乐，比如狩猎、钓鱼之类的功利性用途(图 3-1)。功利主义资源保护主义者倡导对国家公园中的自然资源进行有调控的使用，为多数人谋求最大的福利，人类中心论环境伦理观促进了国家公园制度的实施，也奠定了早期国家公园规划中以人类为中心的处事基调。

二、“明智利用”的“风景生意”成为国家公园的管理初衷

在 1916 年之前，美国的公园、纪念地、战场和历史遗址由不同的机构分管，包

图 3-1　19 世纪末美国人热衷于在国家公园中开展露营、狩猎等活动

（来源：《The National Parks — Americas Best Idea》）

括美国内政部、农业部、军队等。由于缺乏统一的领导，这些场地在利益冲突问题面前不值一提。在美国国家公园的早期建设中，屡有为了人类利益破坏自然生态的事情发生，最为著名的当属赫奇赫奇山谷事件。

赫奇赫奇山谷是优胜美地国家公园中一个景色迷人的山谷，旧金山政府为解决市内居民的生产生活用水和电力问题，几次提出在山谷修建水库，但因缪尔和他领导的塞拉俱乐部的反对而未成功。1903 年和 1905 年，这个问题又被重新提出。以缪尔为代表的民间“自然保存主义”人士和组织认为应该基于审美价值等保存自然荒野原貌，而且和谐一致是荒野自然的根本特质，不应被人工建设破坏。以平肖为代表的官方“资源保护主义者”认为水库建设是对自然资源科学合理的利用，以解决人类需求的当务之急。1908 年到 1913 年，长达 5 年的抗争最后以国会上下两院都批准了赫奇赫奇水库建设计划而告终，此举后来被历史学家约翰·伊势（John Ise）称为“有史以来国家公园遭受的最严重的灾难”（Mackintosh，1985）。

赫奇赫奇之类的事件凸显了公园运动的制度缺陷，显而易见，需要一个机构来管理运营公园并维护其利益。1916 年 8 月 25 日，《国家公园管理局组织法案》（National Park Service Organic Act）正式签署，美国内政部下属美国国家公园管理局成立，对纳入国家公园体系的各种自然和文化资源进行统一管理，成立之初共管辖 35 个国家公园和纪念地。《国家公园管理局组织法案》规定国家公园管理局的使命是“为了当代人的欢愉保护风景、自然和历史文物以及其中的野生生物，并使它们不受损害地传续到下一代人”。由此可见，国家公园和国家公园管理局建立的目的并不是为了单纯地保护自然资源，而是通过保存自然景观为人类提供休闲娱乐服务。

国家公园管理局建立的初衷，是为了高效务实地管理各种风景地区。1916 年 6 月，在国家公园管理局成立前夕，负责成立国家公园机构运动宣传工作的罗伯特·斯特林·亚德(Robert Sterling Yard)撰文《风景生意》(Making a Business of Scenery)发表于在《国家商业》(The Nation's Business)。文章提出如果商业化管理美国的国家公园风景,那么它将成为"经济价值不可估量的资产"。亚德指出,瑞士和加拿大都是将景观变为国家财富的成功案例,而现在轮到美国了。他写道:

我们希望我们的国家公园发展壮大。我们想要和瑞士一样的道路和小径。我们想要不同价格档次的宾馆。我们想要满足各种需求的、充裕舒适的公众露营地。我们想要间距适当、俯瞰风景的小木屋。我们想要为行人和汽车驾驶员准备的最好、最便宜的住宿。我们想要充足方便、价格合理的交通系统。我们想要为野营而备的价格最优的设备和供给。我们想要愉快的垂钓。我们想要我们的野生动物被保护并且发育壮大起来。我们想要自然研究能使用特种设备。(Yard R S,1916)

《风景生意》体现了建立国家公园管理局管理动机中的功利主义"明智利用"的基调。管理者认为公园应作为公众使用和欢愉的风景游憩地而大力开发,来促进国民经济和公众身心健康,以提高公民意识和爱国精神。一个关于国家公园管理局创始人动机和认知的调查显示,国家公园管理局的主要关注点在于保存风景、旅游经济效益和公园的高效管理。这些关注点盛行于公园的早期管理,极大地影响了未来导向。

3.1.1.3 非人类中心论的萌芽

19 世纪末至 20 世纪 50 年代末的美国人类中心论思潮盛行,但是非人类中心论思想也逐渐萌芽,为后来非人类中心学派的理论发展、参与和影响国家公园事务奠定了基础。三个代表性人物包括亨利·戴维·梭罗(Henry David Thoreau,1817—1862)和约翰·缪尔(John Muir,1838—1914)对非人类中心环境伦理思想的产生具有直接的影响;奥尔多·利奥波德(Aldo Leopold,1887—1948)被认为是现代环境伦理学的开创者之一。

一、"瓦尔登湖"的冥想——亨利·戴维·梭罗

梭罗是美国作家、自然主义者、超验主义者和哲学家,是美国超验主义文学运动[①]的主要人物。他年轻时追随爱默生(Ralph Waldo Emerson,1803—1882),看待自然的立场基本上是浪漫主义的,认为自然是关系性的、依赖性的和整体性的,所著的《瓦尔登湖》被视为划时代的作品。梭罗质疑"人类中心主义",主张整体主义生态观,强调自然的整体性和活力以及人与自然的共鸣。他认为自然是一个完

① 超验主义的灵感来自自然和宗教,主张采用直觉和顿悟的方式直接从人与自然的融合中认识真理(冯艳滨等,2017)。19 世纪,爱默生发起了崇尚直觉、追随自然的超验主义文学运动。

整的、互相联系的整体而不是一系列轮廓清晰、互不联系的部件。如果一个上帝遍及自然，那么每个动物、植物，都是一个伟大的统一体的有机组成部分(梭罗，2005)。梭罗认为自然不属于人，而人是自然的一部分。他倡导人和自然的关系是和谐交融。梭罗坚信，人是生命共同体中的普遍一员，人既需要文化气质，又需要泥土气息，两种状态的结合，才能使人达到完美的境界。他在瓦尔登湖畔的林中生活，向世人证明了人与自然是和谐共生的生命共同体。

梭罗看重荒野的价值，提倡文明和荒野之间应保持平衡。梭罗认为自然有不依赖于人的独立价值，并强调自然的审美和精神意义。他赞美荒野，留下了“在荒野中保存世界”(In Wildness Is the Preservation of the World)的名言，此后成为世界著名环保组织塞拉俱乐部(Sierra Club)的座右铭。梭罗坚信，文明人可以从荒野中找回在文明社会失落的东西，可以从荒野中获得一种敬畏生命的谦卑态度；健全的社会需要在文明和荒野之间达成一种平衡。他积极向有关当局提出了建立公园的设想：每个城镇都应该有一个公园，或者说有一处原始森林；大小要有500到1000英亩；在这里，哪怕一根树枝，都不能将其砍了做柴火，这里应永远作为一块公地，用作教育和娱乐(Buell,1995)。梭罗对荒野与文明关系的论述，后来成了美国兴起的荒野保护运动和建立国家公园的重要思想基础(苏贤贵,2002)。

二、“国家公园之父”——约翰·缪尔

(一) 荒野大学

约翰·缪尔是美国早期环境保护运动领袖，他是自然生态保育体系和国家公园制度的倡导者，被誉为美国“生态保育先知”“国家公园之父”。缪尔出生在苏格兰以风景秀丽著称的邓巴，自童年时期就对荒野产生了浓厚的兴趣。1849年，缪尔全家移居美国威斯康星，威斯康星的荒野让他感受深刻：“进入纯粹的荒野，接受自然的热情洗礼，它让我们感受幸福，自然流入我们心中，热烈地表达它的精彩绝伦，每一处荒野都吸引着我们”(Miller,1999)。1862年，缪尔离开威斯康星大学进入“荒野大学”学习，开始了对荒野进行真正体验和探索的实践。1866年—1867年，他从印第安纳州徒步到佛罗里达州，旅程长达1000英里，并在1868年到达加州的优胜美地山谷考察冰川形成的原因。他深受爱默生和梭罗影响，把荒野视为未被开发和破坏区域的最后保留地。荒野是天堂和伊甸园，象征着清白与纯洁，代表着远离城市的喧嚣和从文明破坏性影响的回归。他认为只有置身荒野，人们才能成功地领悟最高真理、培育精神美德。他认为荒野自然是一个超验有机、和谐一致的整体。

(二) 大自然的权利

缪尔在生态思想史上的巨大贡献是，首次公开提出了“大自然拥有权利”这一环境伦理学核心命题，并在此基础上构建起生态整体主义价值观。他提出，大自

然首先肯定是且最重要的是为了大自然和大自然的创造者而存在的，所有的事物都拥有价值（罗德里克·弗雷泽·纳什，2005）。大自然的权利包括相互关联的两个方面：一是万物因其自身而存在，不以人的主观意志而改变，与人类属同一共同体；二是人类是共同体中的普通一员，没有高于其他存在物的特权，整体和谐是这个共同体最基本的特征。他赞美荒野，认为人类应该敬畏荒野并负有保护的责任，较早探讨了人与自然关系这个环境伦理学话题。缪尔在考察过程中写下了一些散文随笔、游记专著等，其1867年的日记被视为把权利与环境联系起来加以论述的第一份文献。缪尔提出自然权利并将其纳入伦理范畴，对生态伦理学做出了巨大贡献。

（三）国家公园实践

缪尔倾力投身保护大自然的实践，对建立、推进和维护国家公园制度做出了巨大贡献。他在爱默生和亨利·乔治的帮助下形成了通过建立国家公园系统的形式保护自然环境的构想。“极力崇尚与赞美自然，用尽浑身解数来展现我们的自然山林保护区和公园的美丽、壮观与万能的用途，号召人们来欣赏它们，享受它们，并将它们深藏心中，这样对于它们进行长期的保护与合理利用就可以得到保证”（约翰·缪尔，1999）。1864年，优胜美地峡谷被任命为州立公园，成为美国第一个为公众欢愉而保留的自然保护区，为黄石国家公园的诞生进行了预演；1890年，在缪尔的努力下，优胜美地峡谷脱离州政府管辖成为国家公园。

1903年，缪尔受邀与西奥多·罗斯福总统在优胜美地地区进行了一次为期四天的野营旅行（图3-2）。后来，罗斯福总统便在美国大力推进环保事业，使美国的自然保护事业跨入新阶段，极大地推动了国家公园事业的发展。

缪尔致力于捍卫国家公园制度，与功利的“资源保护主义”展开了数场激烈辩争。在赫奇赫奇山谷事件中，缪尔致信罗斯福总统，发动有影响的群众组织和报刊，将赫奇赫奇山谷事件变成了全国性运动。他公开发表文章，抨击修建该死的水库的野蛮商业行为。虽然输了这场战役，但其行为却产生了广泛而深远的影响，公众环保意识与日俱增，各种民间自然保护组织不断壮大。1916年美国国家公园管理局成立，相关自然保护法规和政策陆续出台。而随着时间的推移，缪尔的环保主张也得到了印证，如今，赫奇赫奇大坝成为美国人在资源利用和自然保护之间引以为鉴的历史明证（夏承伯，2012），启示人们如何在经济发展与环境保护之间协调，如何在自然的利用和保护之间取舍，如何在当下发展和长远利益之间平衡。

1901年，缪尔的著作《我们的国家公园》一经出版就成为畅销书，进一步唤起了人们对自然保护的关注，被誉为“真正感动过一个国家的文字”。伴随着他的环保斗争以及经典著作《我们的国家公园》，国家公园和自然生态保护理念迅速传播至世界各地。

图 3-2　罗斯福和缪尔远眺优胜美地谷

（来源：《The National Parks — Americas Best Idea》）

三、大地伦理——奥尔多·利奥波德

环境伦理学的科学思想最早在法国著名哲学家、人道主义者阿尔贝特·施韦泽(Albert Schweizer，1875—1965)的《文化与伦理》(1923 年)和美国学者奥尔多·利奥波德(Aldo Leopold，1887—1948)的《保护伦理学》(1933 年)中提出。阿尔贝特·施韦泽于 1915 年提出了“敬畏生命”的伦理思想，是西方环境伦理学的直接先驱。在美国，奥尔多·利奥波德继承和发展了约翰·缪尔的非人类中心的自然保护思想。

利奥波德是美国野生动物管理学家、思想家，是享誉世界的环境保护主义理论家，被称为“美国的先知”，其关于土地伦理的论述是美国历史上最激进的环境主义运动的思想火炬。美国环境思想史家 R. F. 纳什(Roderick Frazier Nash)认为奥尔多·利奥波德是现代环境伦理学的开创者之一。J. B. 克里考特称奥尔多·利奥波德是“现代环境伦理学之父或开路先锋”。

利奥波德在 1949 年出版的《沙乡年鉴》一书中阐述了“大地伦理”思想，主要包括四方面的内容：

一是扩大了共同体的边界。利奥波德提出伦理演变的三个次序，是从最初的处理人与人之间的关系，发展到处理个人和社会的关系，“但是，迄今还没有一种处理人与土地，以及人与土地上生长的动物和植物之间的伦理观”(奥尔多·利奥波德,1997)。他认为各种伦理都存在同样的前提——个人是一个由各个相互影响的部分所组成的共同体的成员。土地伦理扩大了这个共同体的界限。它包括土壤、水、植物和动物,或者把它概括为土地(奥尔多·利奥波德,1997)。

二是重新定位人和自然的关系。利奥波德提出人不应该以征服者的面目出现在共同体中,而应是其中平等的一员和公民。每个成员都应该得到尊敬,这也是对共同体本身的尊敬。人与自然不应是主从关系,而是平等成员,共存共亡。

三是确立新的伦理价值标准。利奥波德指出,孤立的、以经济利益为基础的保护主义体系,是绝对片面性的,它趋向于忽视,最终会使很多在土地共同体中缺乏商业价值,但却让土地共同体健康运转的基础成分灭绝。"我不能想象,在没有对土地的热爱、尊敬和赞美,以及高度认识它的价值的情况下,能有一种对土地的伦理关系。所谓价值,我的意思当然是远比经济价值高的某种含义。"(奥尔多·利奥波德,1997)他认为人应该具有生态学意识,具有对土地的生态理解,能认识土地的生态价值。

四是提出大地伦理学基本原则。"当一个事物有助于保护生物共同体的和谐、稳定和美丽的时候,它就是正确的,当它走向反面时,就是错误的。"(奥尔多·利奥波德,1997)和谐、稳定、美丽,体现了生态系统的整体协调性、复杂关联性以及审美内涵,也是衡量人与自然伦理关系的原则。

大地伦理思想是现代生物中心论或整体主义的伦理学的最重要的思想源泉(罗德里克·弗雷泽·纳什,2005)。此外,利奥波德认为人类的文明来源于荒野,荒野是人类从中锤炼出那种被称为文明成品的原材料,它具有为休闲、为科学、为野生动物而用的能力。然而,在功利主义资源保护观念仍然盛行的社会环境中,非人类中心的大地伦理思想并未获得太多关注和支持,直到在60年代末的轰轰烈烈的世界环境保护运动中,大地伦理思想才被重新认识和提倡。

3.1.2 缺乏自然关怀的建设规划

3.1.2.1 针对单个公园的短期规划

美国国家公园的规划实践始于20世纪初。为了更明智地利用自然,为公众提供愉悦的游览体验,早期规划是各个公园基于物质设施建设的短期计划。当时黄石国家公园制定了一些建设性规划,以更好地从公园的整体角度布置道路、游步道、游客接待设施和管理设施等。之后,其他国家公园开始仿效这种做法。

1910年,美国内政部长理查德·白林格(Richard Ballinger)倡议为各个国家公园制定"完整的和综合的规划"。1914年,马克·丹尼尔斯(Mark Daniels)被任命为第一任美国国家公园总监和景观工程师(General Superintendent and

Landscape Engineer),他强调谨慎控制旅游发展的重要性。1915 年在国家公园会议上,他又提出了开展系统性规划的必要性。丹尼尔斯一方面强调控制旅游发展,一方面关注游客需求的满足,他认为这两者的结合点是在公园中规划建设"村庄",热门的公园(比如优胜美地国家公园)甚至需要城市级别的规划来支撑,有完善的卫生、给排水、供电、安全等体系(Sellars,2009)。1916 年,美国景观建筑师学会的詹姆斯·普芮呼吁为每个国家公园制定综合性的总体规划。

缺少自然保护意识,而且对自然的整体性和系统性认知不足,此时规划的关注重点是公众服务,形式上是基于各个公园的短期建设规划,缺乏国家层面的系统性统筹部署和长远筹谋。

3.1.2.2 统筹场地建设的总体规划

1925 年,史蒂芬·马瑟(Stephen Tyng Mather,1867—1930)开始筹备公园系统范围内的规划,1926 年总体规划开始施行。20 世纪 30 年代以后,由于资本主义世界大萧条的侵袭和第二次世界大战的爆发,物质匮乏的人们渴望生活重建、经济重振,无暇顾及对自然资源、生态环境的保护,环境保护事业走入低谷。功利的资源保护主义提倡的"明智利用",成为对待自然资源的行动原则,国家公园管理局深受此主张的影响。1933 年开始的罗斯福新政(the Roosevelt New Deal)和 1956 年开展的"66 计划"(Mission 66)充分体现了"明智利用"的主张,强调公园的大规模开发建设,而忽视对自然产生的不利影响。这一时期,总体规划为统筹大规模的场地建设发挥了重要作用。

一、罗斯福新政时期的总体规划

1933 年罗斯福新政的紧急救援计划为国家公园建设获得了财力和人力支持。其中民间保育队(The Civilian Conservation Corps)对整个国家公园管理局影响最大。民间保育队成立于 1933 年,雇佣年轻人从事公共土地保护和开荒项目,很快成为罗斯福新政的最佳计划之一,一直活跃至二战时期(1942 年终止)。国家公园管理局时任局长奥尔布莱特很快认识到新政的潜力,激进地利用民间保育队的资金和人力开发公园。民间保育队的"保育"工作实际上是非常功利的,通过安置公众使用和享乐需求来"明智利用"公园景观资源。

由此国家公园管理局推广了景观师主导的总体规划。最早的总体规划是场地规划,用来指导道路、建筑、景观和其他人工和自然建构物的布局,有时会包含时间安排和成本测算(Rettie,1996),主要关注物质设施,对自然资源管理不予重视。虽然公园的规划由景观师编制,但是公园的主管主要是土木工程师,缺乏专业的管理知识与技能。

大量地建设道路、小径、管理设施和游客设施、给排水设置,在很大程度上改变了自然资源状况。大量的发展建设给公园带来了严重的干扰(图 3-3),干扰最

图 3-3　罗斯福新政时期国家公园中的道路建设

（来源：Harpers Ferry Center）

大的是道路——对道路建设本身的干扰以及由此带来的其他使用功能的干扰。生物学家洛厄尔·萨姆纳（Lowell Sumner）认为虽然新建的道路是为救火而修建的原始路，但是它们进入了野外地区，降低了荒野质量和生物完整性，同时也带来了旅游道路建设的发展趋势。

另一方面，规划对象的类型越来越多元化，规划编制中林务员、建筑师、景观师和工程师的参与度和影响力也得到了很大提升。罗斯福新政极大地扩张和多样化了国家公园体系的组成，为公园体系增加了新的类型（比如历史遗址、水库、国家公园干道），为公众使用和欢愉加速了公园物质建设。这一时期国家公园管理局机构也快速扩张，从 1928 年的三个华盛顿分部、四个专业办公室扩展到 1938 年的十个部门、四个新成立的区域办公室，机构更加多元化和专业化。

二、“66 计划”时期的总体规划升级

二战和战后时期，公园的资金、人力和发展都大幅缩减，国家公园体系的扩充也停止了。二战的结束带来了公园游客的急速上升，比如 1945 年春天在德国投降后的三个月内，黄石国家公园的访客量提升了 56.4%，8 月日本投降后，访客量几乎翻番并持续上升。总体来看，整个国家公园系统的访客量由 1945 年的 11 700 000跃升至 1947 年的 25 500 000（the Secretary of the Interior，1947），但是公园的道路、小径和建筑在二战时期由于经费和人力的不足而破败严重。

1951—1964 年，康拉德·沃斯(Conrad Wirth)担任局长。他是一位富有创业精神的进取者，主张大力开发建设公园。比起沉思享受自然美景，他更注重物质化的休闲娱乐，比如狩猎、水上运动等。他认为旅游发展也为“保存”自然提供了功利的理由——能组织大规模建设(比如大坝、水库等)，也能让游客待在指定区域从而保护未开发的郊野。

沃斯意识到，大型开发项目更容易获得国家财政预算资金的长期支持，而且广泛的综合性项目能惠及各地，容易获得各州的支持。于是，他着手策划了“66 计划”——从 1956 年开始持续 10 年的公园发展计划，并获得了国会和总统的支持。“66 计划”不仅包含大量建设和发展项目，也包括人员扩招(特别是解说、维修和保护领域)、获取公园内私有土地的宏伟项目，是一项全国范围内的休闲娱乐调查，以帮助不同级别的政府改善公园和休闲娱乐设施。此外，还有一项宏大的目标——保存国家公园荒野地区。当然毫无疑问，“66 计划”的主要关注点在于所有公园内物质设施的改善(图 3-4)。

图 3-4　“66 计划”时期国家公园内修建的游客中心

(来源:《Misson 66:Modernism and the National Park Dilemma》)

大型开发项目“66计划”促进了总体规划的升级——从场地规划成为综合性建设规划。沃斯局长重视实践,虽然不信任科学研究,但是注重合理的规划设计。他认为通过合理的规划,为游客准备好道路、小径和公园设施,可以控制公众走向并阻止不当使用,限制游客对开发地区的影响,并让公园的未开发地区不受干扰。1956年,沃斯在年度报告中指出,公园发展立足于这样的假设——当各种设施数量充足,设计和布局合理时,就可以轻松地接待管理大量游客而不破坏公园。好的发展可以防止景观被毁坏,可以保护其休闲娱乐和鼓舞人心的价值(Wirth,1956)。

升级后的总体规划仍由景观师主导,有一定前瞻性,比如需要决定开发区的选址和建设强度;内容更加多元,比如在利用强度高的地区统筹考虑的因素繁多,用首席景观师威廉·卡内斯(Willian Carnes)的话来说,实际上就是一个城镇或者社区规划。如沃斯局长所言,总体规划是统筹性综合规划,没有它,则不可能组织一个“健康”的项目。

值得注意的是,在规划设计风格上,首席景观师威廉·卡内斯(Willian Carnes)提倡采用谦逊的方式、有节制的设计,不要统领支配自然,但是在建设实践中,公园却被现代化和城市化了。这是因为二战后的国家公园建筑师基本受现代主义影响,摒弃了公园早期受浪漫主义风格影响的乡土设计风格,转而走现代风格路线;工程师受二战影响,实用功利思想严重,没有太多景观和建筑美学知识。而现代建构筑物省力省钱、容易维护,也得到了国家公园管理局的青睐。《国家公园杂志》上的一篇文章指出,“66计划”的开发让公园看上去被城市化了。工程变得比保存(自然)更重要,宽阔、现代化的道路和其他地方的公路一样,游客中心像中等规模的机场航站楼(Heald,1961)。

3.1.3 “以人为本”的公园区划

1918年的《莱恩之信》(Lane's Letter)和1925年的《沃克之信》(Work's Letter)等公园管理政策性文件都表现出功利主义价值观。文件认为公园是风景宜人的地方,应该维护“绝对不受损害”状态,所有活动应该服从保存公园在其本质的、自然状态的职责。但同时文件也指出公园的建立是为了人们使用、观察、健康和娱乐,是一个国家游乐场系统,应该以任何可行的方式让人们接近,包括建设与公园景观相协调的道路、小径和建筑,甚至极力主张国家公园管理局努力拓展公园以及将公园运用于旅游局、商会和汽车协会的合作以增加公众对公园的关注。此外,由于没有先例可循以及缺乏对“保持自然不受损害”的科学理解,新成立的国家公园管理局将“不受损害的公园”定义为“谨慎、适当发展的公园”,即通过限制物质建设的程度来保持公园“不受损害”,而未开发地区维持原始状态,作为公园荒野被保留的见证。

因此，由于对风景保护和游乐享受的同样关注，以及对于“不受损害”的理解，国家公园总体规划采用了分区（zoning）的规划管理方式——物质设施建设控制在一定开发区域范围内，而其余大部分未开发地区保持其荒野的原始状态。开发区域内的功能选择秉持适宜原则，即支撑休闲旅游常规需求的设施是适宜的，例如道路、小径、宾馆和公园管理设施是适宜的，而水坝、矿井的开发是不适宜的，因为它们不属于支撑公园旅游需求的设施。

20世纪50年代，为了防止日益增长的人流让公园超负荷，国家公园管理局进一步强调了公园区划（park zoning）。总体规划中划定了高强度利用地区、道路廊道的边界，通过这种控制性发展（controlled pattern development），规定游客待在指定区域，从而保护未开发地区不受影响。但是实际上，区划选择荒野的原则不是因为某些地区的重要性而将这些地区选择出来并保护起来，而是选择公园规划者确定开发区域后剩余的未开发区。正如美国林务官罗伦斯·库克（Lawrence Cook）等人所言，公园的总体规划缺乏远见，而且公园荒野地的区划屈从于行政决定的变化（这也是环保者不信任国家公园管理局，而要求立法指定永久性荒野的原因）。

3.1.4 取悦人类的景观保存

国家公园管理局成立初期，第一任局长史蒂芬·马瑟和其同事很少关注科学和生态学，而是致力于为了壮丽风景而保存土地，被誉为美学保护者（aesthetic conservationists）。

在规划设计中，国家公园管理局专注于保存自然的景观外貌。在开发区域内，用地功能的选择和建构筑物的规划设计要求都必须保证公园景观品质，与公园景观协调；而对于未开发地区，则要求保存自然的荒野外貌。国家公园管理局对自然资源基本上采用了两种规划管理手段：忽视和干预。一种是对于不起眼的自然资源（例如小型哺乳动物），任其自生自灭；另一种是对讨喜公众的自然资源（例如森林、大型哺乳动物和鱼类）进行强制干预，以提升公园的吸引力。国家公园管理局认为通过保存（自然）美丽的外观来保持生物健康，可以保证公园的双重职能——保存自然和公众使用。

马瑟和其继任者奥尔布莱特（Albright）、卡莫雷尔（Cammerer）、沃斯等都关注自然景观的外貌保护，对自然资源的科学研究和管理却鲜有作为。罗斯福新政时期，大建设受到来自国家公园协会和其他机构组织的批判，都源自对过度开发和公园发展类型的忧虑不安；对于“66计划”的批评也集中在开发规模和现代化、城市化的风格方面，未涉及对自然资源生态导向管理需求的关注。

3.2 非人类中心论影响时期:规划体系转型发展

非人类中心论影响时期从20世纪60年代持续到20世纪80年代末。1962年出版的《寂静的春天》(Silent Spring)让西方国家(尤其是美国)掀起了新一轮的环境保护运动。非人类中心环境伦理观质疑当时主流的控制自然的思想,主张将道德关怀对象从人扩展到自然,提倡人类遵从自然规律、科学对待自然,引起了政府和公众的广泛关注,在环境保护事业中占据越来越多的话语权。

这个时期是美国国家公园规划体系的转型发展阶段。公园管理层受到社会上蓬勃发展的以科学和生态学为基础的非人类中心论调的压力,让国家公园规划发生了方向性转变。规划开始重视生态系统保护,在关注人类使用需求的同时也强调自然资源管理;立足生态基质、统筹国家公园整体发展的系统规划产生,初步形成了系统-单元的两级规划体系。

3.2.1 非人类中心论的兴起

3.2.1.1 控制自然的批判

随着第二次世界大战的结束,西方世界在经历短暂的恢复后,工业化程度不断提高,在20世纪60年代开始了快速的增长,但是随之而来的环境污染问题也日趋严重。这个时期的环境保护运动将视角从自然资源转移到环境污染,环境污染问题逐步成为政府和公众的关注点。1962年,美国海洋生物学家蕾切尔·卡逊(Rachel Carson,1907—1964)出版了《寂静的春天》一书,该书成为现代环境保护运动的肇始之作。

《寂静的春天》生动地描述了化学药品对生态系统中的大气、水、土壤、植物、动物以及人类的损害,将"环境"这个之前鲜有人关注的话题带到政府和公众面前。该书质疑了当时主流的控制自然的思想,认为不改变人和自然的关系、人对待自然的态度,环境危机将无法得到根除。来自《寂静的春天》的警告迅速传播开来,引起广泛关注,西方国家(尤其是美国)掀起了新一轮的环境保护运动。纳什认为,《寂静的春天》不仅极大地促进了新的环境主义的发展,还使公众对环境伦理学的关注达到了那个时代的顶峰。

美国国家公园的管理层受到来自环境保护运动和非人类中心论主张的压力,管理思路开始发生方向性转变,由公众服务管理向自然资源管理转向。

3.2.1.2 人与自然关系的再反思

日益增长的环境危机意识，促使哲学家们对生态环境问题开始了深层反思。20 世纪 70 年代以后西方环境伦理思想得以迅速发展，美国科罗拉多大学、威斯康星大学率先设置了环境伦理学的学科课程和学位，环境伦理学科正式形成。1975 年，霍尔姆斯·罗尔斯顿在国际主流学术期刊《伦理学》上发表《存在着生态伦理吗？》，该文被视作环境伦理学的鼎力之作。1979 年，著名的《环境伦理学》(Environment Ethics)杂志在美国北德克萨斯大学创刊。1988 年霍尔姆斯·罗尔斯顿出版了《环境伦理学》一书，1989 年底，他发起成立了国际环境伦理学学会，并担任学会主席兼通讯编辑。与此同时，人类中心主义和非人类中心主义（自然中心主义）环境伦理思想两大派系基本形成。

现代环境伦理思想对美国国家公园看待和处理人与自然的关系产生了重要影响。现代的人类中心主义有别于传统的人类中心主义，"人"的范围更加广泛，"人"的各种权利主张更加弱化，非人类中心论更是提出了人和自然"共同体"的倡议。较有影响的美国学者包括弱式人类中心论创立者布赖恩·诺顿(B. G. Norton)、现代人类中心论倡导者墨迪(W. H. Murdy)、动物权利论者汤姆·雷根(Tom Regan)、生物中心论者保罗·沃伦·泰勒(Paul W. Taylor)、生态整体论者奥尔多·利奥波德和霍尔姆斯·罗尔斯顿。

一、人的延伸和弱化——现代人类中心论

人类中心论者认为，只有人具有内在价值，自然只具有为人类所用的工具价值；道德规范只关注人的福利，非人存在物不是道德的关怀对象；人和自然不具有伦理关系，人对自然有间接道德义务，该义务是出于对人类自身利益的关注，而非自然本身。这种环境伦理学提倡明智利用资源和维持宜于人类生存的环境（刘耳，2000）。

现代人类中心论区别于传统人类中心论，它摒弃了"人类中心"的强式观点，在对待人的问题上，它认为人是指人类整体，应延伸到未来，认为道德不仅要关怀现在的人，还应关怀尚未出生的人；在处理人与自然的关系问题上，它认为人是主体，自然是客体，人处于主导地位，对自然负有管理和指导的责任和义务，但是不能对其为所欲为，应该承认和尊重自然，弱化了传统强式的人的地位。

美国哲学家布赖恩·诺顿提出了弱式人类中心论。他认为仅满足人类感性偏好而不计后果的理论是强式人类中心论，"征服自然""控制自然"是强式人类中心论的主题，它只以人的直接需要、当前利益为导向，从根本上放弃了人的长远利益、整体利益或共同利益，实质是个人中心主义或人类沙文主义。满足理性偏好的理论是弱式人类中心论。布赖恩·诺顿倡导弱式人类中心论，认为对待自然资源应审慎思考、理性权衡，在同代和代际之间合理配置。他认为弱式人类中心论在实践上可以取得和非人类中心论提倡的同样效果,主张从实用角度出发,在自然价值问题上不必纠结于其内在价值和工具价值的区分。

美国植物学家墨迪从进化论角度区分了前达尔文式的人类中心主义、达尔文式的人类中心主义和现代人类中心主义。他主张现代人类中心论,认为在人和自然的关系中,人理所当然是中心,不可能脱离自身利益而存在,不过人所指是人类整体;每一造物均有工具价值和内在价值,人类的价值高于自然物的价值;人类存在主动摆脱生态危机的现实性和可能性,人类保护自身利益包含着保护人类自然环境的利益。

二、共同体的扩展——非人类中心论

非人类中心论环境伦理学认为,人类应超越对自身价值与利益的考虑,认识到自然物、自然系统也有其内在价值与利益,值得人类尊重。非人类中心论承认人是唯一能进行道德思考的物种,因而人是唯一道德行为主体,但同时认为非人类生命及物种、生态系统具有独立于人的内在价值与利益,而已具有道德行为受体的地位。人类作为道德行为主体,其伦理思考的范围不应只限于人类,其道德行为也不能仅以自己的利益为依据;人类对非人类的道德受体也有一定义务。根据道德关怀对象不同,非人类中心论可分为两大派别——动物福利论和生物中心论,属于个体主义的非人类中心论;生态中心论,属于整体主义的非人类中心论。这两大派别将道德义务和伦理关怀的范围从人类依次扩展到了动物、所有生命和整个生态系统,认为生命和自然不仅具有工具价值还有内在价值,强调人类在生态系统中的特殊作用既是普通成员又是调控器官,肩负着维护生态平衡、促进人与自然协调发展的道德代理者的职责。

把道德关怀的对象从人扩展到动物的动物福利论,是伦理学由人类中心主义向非人类中心主义转变的第一步,它包括动物解放论和动物权利论。美籍澳裔学者彼得·辛格(Peter Singer,1946—1650)认为动物和人一样,都有感受痛苦和享受愉快的能力,而这种能力是获得道德关怀的充分条件。美国哲学家、动物权利论者汤姆·雷根认为动物的天赋价值使它们拥有道德权利。

美国环境伦理学家保罗·泰勒将阿尔贝特·施韦泽的敬畏生命思想做了严格的理论论证,构建了生物中心论。保罗·泰勒认为一切有生命之物都是生命共同体成员,是道德义务的对象,应该尊重生命有机体的道德规范——不作恶、不干预、忠诚、补偿正义,并应该把尊重生命与保护人类的福利结合起来。

奥尔多·利奥波德的大地伦理表述了经典的生态整体思想,美国哲学家克里考特(J. B. Callicott)由此发展出整体论的主观价值理论。霍尔姆斯·罗尔斯顿继承了大地伦理思想,创造性地提出了客观价值理论——自然价值论。他认为自然界承载着多种价值,既有以人为尺度的工具价值,又有以其自身为尺度的内在价值。荒野是一个自组织、自动调节的生态系统,荒野是一切价值之源,也是人类价

值之源。荒野首先是价值之源,其次才是一种资源。我们为了所有生命和非生命存在物的利益,必须遵循自然规律,把遵循自然规律作为我们人类的道德义务。

3.2.2 基于生态科学的系统发展规划

3.2.2.1 科学报告开启生态管理新纪元

国家公园管理局内部关于国家公园的基本目的历来存在两种冲突观点。一种观点来自以沃斯为代表的国家公园管理局领导层,强调休闲旅游和公众享乐壮丽风景,顺带保存美国荒野的表征,对维护公园“不受损害”职责的理解是保存公园景观。另一种观点以野生动植物学家为代表,关注保存公园里的生态完整性,仅在谨慎选择的区域内允许公众使用开发,从生物学和生态学视角界定“不受损害”,更符合1964年《荒野法案》(The Wildness Act)中的表述。这两种观点在20世纪60年代的环境运动中升级了,公园管理层受到来自社会上蓬勃发展的以科学和生态学为基础的非人类中心论调的压力,迫使他们重新审视自己的政策和组织结构。

1963年的《利奥波德报告》(Leopold Report)①和《国家科学院报告》(National Academy Report)②是里程碑式的文件,开启了生态管理新纪元。1963年3月发布的《利奥波德报告》对公园的管理和科学研究产生了深远影响。该报告是局外专家关于国家公园管理局自然资源管理的评论,由美国野生动物管理咨询委员会(the Special Advisory Board on Wildlife Management)提交给美国当时的内政部长斯图尔德·尤德尔(Stewart Udall),以委员会主席和主要作者、动物学家和自然保护主义者A.斯塔克·利奥波德(A. Starker Leopold)命名。该报告从很高的政治层面阐明了生态原则的重要性,同时,呼吁管理局担负起国家挑战的责任——每个公园都应该是原生美国的景象(illusion of primitive America),管理局应保存或创造荒野美国的氛围(mood of wild America)。用A.斯塔克·利奥波德自己的话说,这个报告是概念性的而不是统计性的,重点在于公园管理哲学和涉及的生态原则,建议为美国公众提升公园的美学价值、历史价值和科学价值,而不是大众娱乐价值(刘耳,2000)。

1963年8月发布的《国家科学院报告》,由生物学家威廉·罗宾斯(William J. Robbins)主写。报告明确表达了对生态和科学研究的关注,指出公园是复杂的自然系统,该系统对国内外科学家来说是一个不断增值的科学资源,适宜的公园管

① 利奥波德报告的正式名称是“国家公园的野生动物管理”(Wildlife Management in the National Parks)。

② 国家科学院报告的正式名称是“咨询委员会报告”(A Report by the Advisory Committee)。

理需要对生态有广泛理解和源源不断的知识补给。报告认为管理局对于公园的目的有一些混淆和不确定，报告将公园定义为动态的生物复合体，是需要考虑相互联系的植物、动物和栖息地的系统，在必要的控制和指导下会发生进化过程（National Academy of Science，1963）。

上述两个报告都从科学实践层面表达了对国家公园管理的关注，是生态宣言，开启了重新定义国家公园基本目的的新时代。在这两个报告发布后，公园自然资源管理方面的人员和经费得到了增加，支持科学管理的人士也得以进入公园的管理层。10 位科学家进入了负责国家公园事务的华盛顿办公室，科研资金增长到年预算的 10%。1964 年乔治·哈左格（George B. Hartzog，Jr）局长成立了自然科学研究部（Divison of Natural Science Studies），并且委任美国国家科学基金会著名的生物学家乔治·斯普鲁格尔（George Sprugel, Jr.）担任管理局的首席科学家（National Academy of Science，1963）。

3.2.2.2 立足生态基质的系统规划

随着国家公园体系的扩张和科学、生态意识的兴起，公园规划不再囿于单个公园，统筹整个国家公园体系发展的系统规划产生了。20 世纪 60 年代中期，在环境保护运动的浪潮和公众环境伦理意识的高涨中，国家公园管理局时任局长乔治·哈左格着力推进公园体系的扩张，并将公园美化美国（parkscape U. S. A.）提上议程，宣称在黄石国家公园成立 100 年（1972 年）之际完成国家公园体系。为了指导国家公园体系的扩张，1972 年哈左格主持发布了一项长期的规划《国家公园体系计划》（National Park System Plan），在科学和生态特质的基础上，筹划公园体系的扩张，统筹国家公园整体发展，寻找国家公园体系在代表性方面的“缺口”。

《国家公园体系计划》提出国家公园体系应保持持续性的扩张，并且在公众对环境事务兴趣持续升温的鼓舞下，声明国家公园体系应该保护并展现出壮美的国家土地景观、河流景观和海下环境中最好的范例，以及它们的形成过程、生长和生活在其中的生命共同体（National Park Service，1972）。因此，该计划将国家公园主题分为历史和自然历史两大类，其中自然历史类根据地文和生物属性将美国领土分为 41 个不同的自然区域（natural region），每个自然区域中又包括不同的区域主题（regional theme），比如平原、高原和台地等，共 33 种主题。各个自然区域拥有 6～18 个区域主题，每个区域主题都会被分析在区域中的重要性和在国家公园体系中被代表的充分性，以确定自然资源保护和展示体系中的“缺口”（图 3-5，图 3-6），作为纳入国家公园的备选提案。

国家公园体系的扩展对规划服务的多样性和规范性提出了更高的要求。1970 年 3 月，哈左格在哈珀斯费里（Harpers Ferry）开设了解说规划和设计中心，多样化了公园的解说活动，特别是环境教育和“活历史”的展现。1971 年，他将东

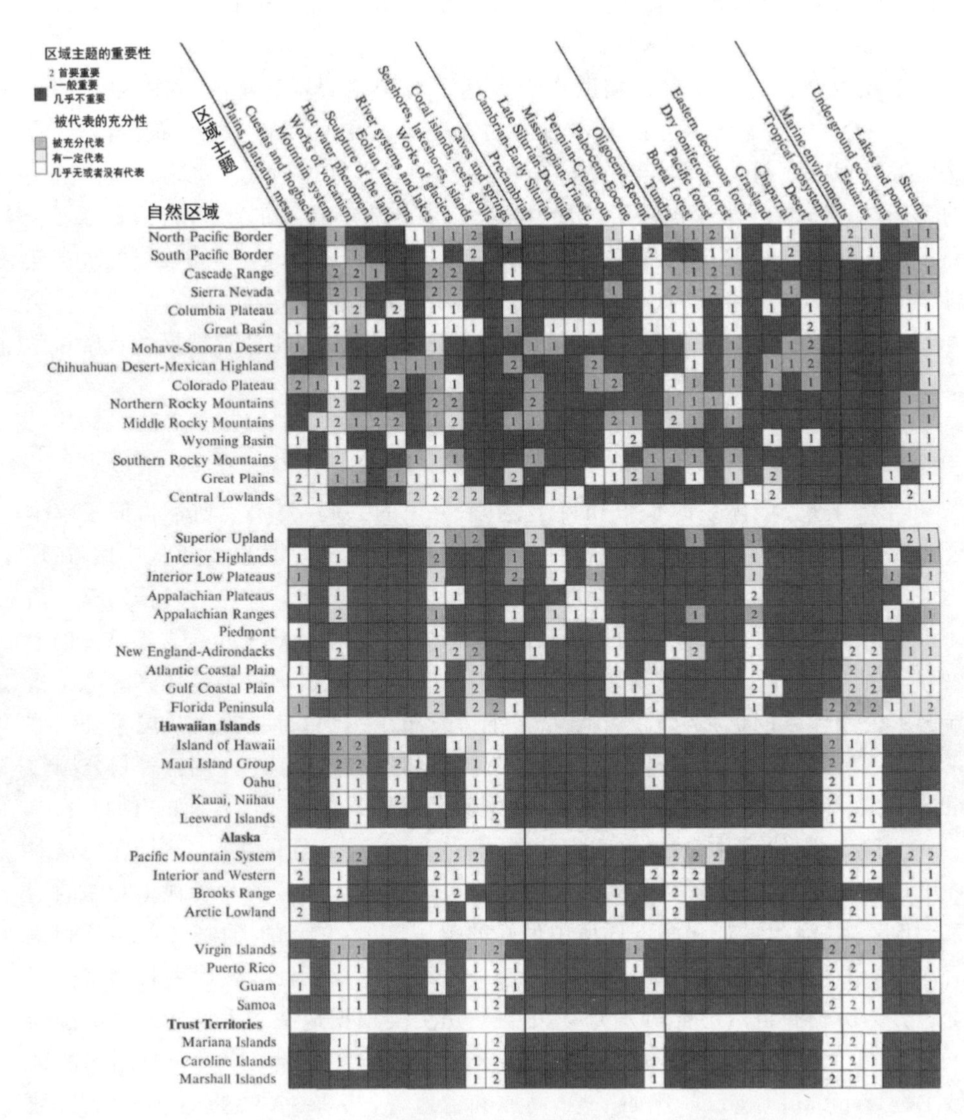

图 3-5 区域主题的重要性和被代表的充分性

（来源：Part Two of the National Park System Plan：Natural History）

部西部设计和建设办公室合并成一个单独的机构，在科罗拉多州成立了丹佛服务中心（Denver Service Center），统管公园规划、设计、建设。

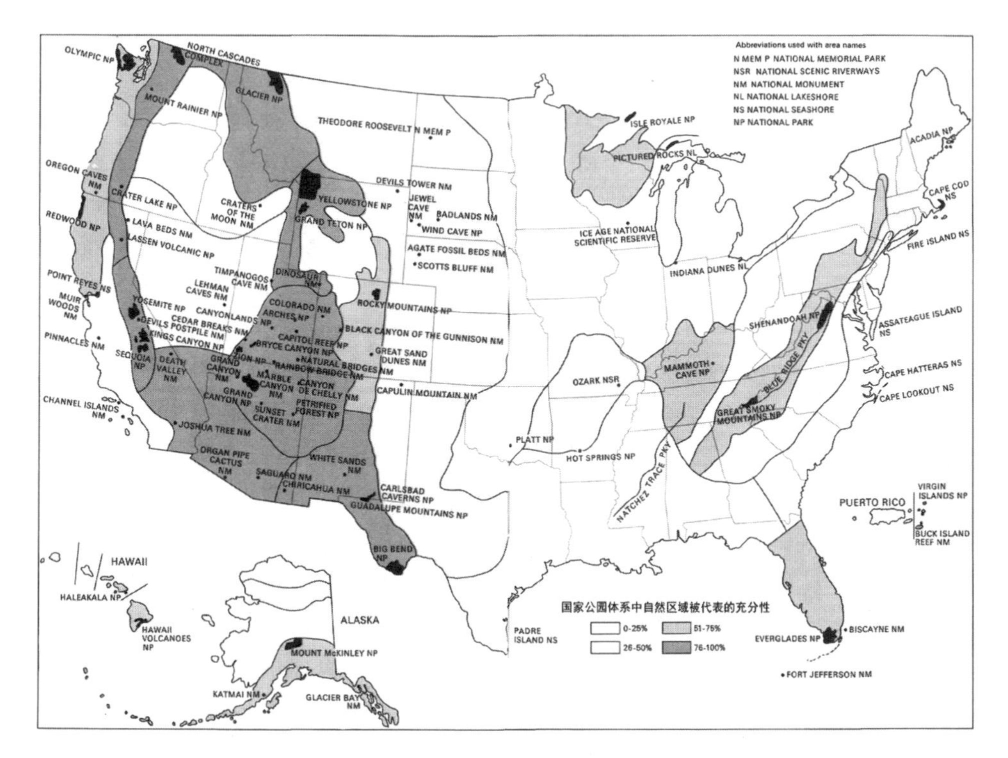

图 3-6　自然区域被代表的充分性

(来源:Part Two of the National Park System Plan:Natural History)

3.2.3　关注环境影响的单元管理规划

1969 年美国国会通过的《国家环境政策法案》,要求在影响人类环境的规划和决策中采用系统的、跨学科的方法,以确保能融会贯通地运用自然科学、社会科学和环境设计艺术;并且国家公园管理局之类的联邦机构要评价其行为对环境造成的影响,提议各种替代方案,同时让公众参与决策过程。

由此,规划的概念和内容发生了变化,规划不仅仅是针对物质设施的建设计划,还是实现人与环境和谐相处的目标、以多学科研究为支撑的资源管理,因此,针对各个公园单元的总体管理计划(general management plan)应运而生。总体管理计划具有更强的前瞻性和综合性,重视环境影响和公众参与。它的规划期限为 15～20 年。总体管理计划综合考虑管理目标,编制实施这些目标的多个方案,并根据对环境产生的影响确定优选方案,制定实施战略、测算成本和时间等,每 10 年进行一次修订或更新,在整个规划和决策过程中都安排公众参与环节。但是这一时期总体管理规划重点关注资源、建构筑物等物质的特征,未充分重视“软件”

(解说、游客服务、教育、资源管理和监测、基础研究等)内容。

3.2.4 促进规划科学性的环境立法

1963年以后,国家公园管理局因面临科学家和环境运动中其他人士的持续抗争而改变了国家公园规划导向,特别是自然资源方面的规划。此外,规划工作也因为受到了环境运动和相关立法的影响,减少了规划行为对于环境的负面影响,增强了规划的科学性。相关立法包括重要的环境法案,比如《荒野法案》(the Wildness Act)、《国家环境政策法案》(the National Environmental Policy Act)、《濒危物种法案》(the Endangered Species Act)、《荒野风景河法案》(the Wild and Scenic Rivers Act)等。

3.2.4.1 《荒野法案》

1964年的《荒野法案》是一部专门保护美国荒野的法案,是世界历史上首部通过国会立法保护荒野的法案,是美国荒野保护史上的里程碑,极大地推进了国家公园中对于荒野的科学保护。《荒野法案》将荒野定义为地球和其生命共同体不受人类约束的地区,人类是访客不能久待荒野。该法案明确了荒野的多重价值和保护的主旨,确立了荒野保护体系和保护管理政策,提出了荒野保护区划和评估办法,规定了禁止事项等。

《荒野法案》成为美国国家公园规划中荒野管理需要遵循的重要法案。根据《荒野法案》要求,在该法案颁布十年后的1974年,美国国家公园管理局开始评估5000多英亩的公园无路土地的荒野适宜性,并向秘书处呈送关于49个公园的荒野建议。随着评估的进一步开展,美国国家管理局认识到这些地区的使用必须被控制起来,于是便开展了正式的荒野和其他未开发地区的乡村规划。

3.2.4.2 《国家环境政策法案》

1969年美国国会通过的《国家环境政策法案》标志着美国进入了环境管制的新时代。立法的目的包括建立一项鼓励人与环境和谐相处的国家政策等,国家环境目标包括国家履行每一代人作为子孙后代的环境托管人的责任、确保所有美国人拥有安全、健康、有活力、具有美学和文化价值的优美环境等。法案要求美国联邦政府的所有部门要评价其行政行为对环境造成的影响,并让公众参与决策过程。

《国家环境政策法案》促使单个国家公园的规划从物质建设规划转变为综合管理规划,关注自然资源管理,更具前瞻性和综合性;并且增加了多方案比较、环境影响评价、公众参与等内容,极大地提升了规划的科学性。

3.3 多元融合环境伦理观指导时期:规划体系逐步完善

从20世纪90年代开始至今,环境保护成为世界议题,环境伦理蓬勃发展,呈现百家争鸣、交互融合的态势。美国环境伦理共识观点提倡人与自然和谐、可持续共存,人与人维持公正关系。美国国家公园规划体系处于逐步完善阶段。在全球环境保护浪潮中,国家公园联邦和地方机构回顾总结了一百多年来国家公园发展的经验教训,重新思考如何承担在生态管理中的领导者角色,着手构建国家公园体系未来发展的框架。在"和谐、可持续、公正"的环境伦理观指导下,国家公园规划既关注人类使用要求又重视自然资源保护,短期和长期发展并重,兼顾当代人多元化需求,逐步完善系统-单元的二级规划体系。

3.3.1 多元环境伦理观的融合

3.3.1.1 环境伦理的发展趋势和共识观念

1992年,联合国环境与发展会议在巴西里约热内卢召开,会议通过了《地球宪章》《21世纪议程》《气候变化公约》《保护生物多样性公约》四个重要文件。会议标志着环境保护成为国际社会的中心议题;世界环境保护运动进入了一个新的阶段,在全球范围得到了广泛普及和发展。这一时期,美国的环境运动进入以人和自然的共存为价值基础的生态中心式的环境主义运动阶段(韩立新等,2007);环境伦理学在理论构建上呈现出百花齐放的局面,在发展趋势上,各学派之间的交叉融合、多元共存意向日益增强,并向新的研究领域和全球范围拓展;理论与实践的结合更加紧密,开始在环保实践、环境决策、环境管理等领域发挥作用(杨通进,2014)。

环境伦理学依据不同的思想理论,从不同的视角思考问题,发展出不同的派别,提出不同的观点和原则。从理论研究的角度来看,人类中心论强调了人类的主动性和积极性,关注了子孙后代的利益,但是它只承认人类价值,否认自然价值,在伦理理论上有不完善之处;生物中心论推崇尊重生命、生物平等,完善了人类道德,但是缺乏可操作性;生态中心论认为生态系统是一个整体,为人类道德提供了科学的整体论思维,但是它的物种和生态系统优先的道德原则带有太多信仰成分。

从社会实践的角度来看,环境伦理学否定了传统发展观把人与自然对立起来的看法，强调人类与自然的协调发展是人类可持续发展的基础和前提，引发了传统发展观的彻底变革。但是西方大多数非人类中心论的环境伦理学者只注重探讨人对非人存在物的义务，而没有探讨为实现人与自然的协调，人与人的关系必须进行哪些调整。人类中心论虽然看到了人与人关系的重要性，但并没有从整体上调整人与自然之间的关系（霍尔姆斯·罗尔斯顿，2000a）。

对环境伦理思想、观点和原则的整合，有利于建立一种开放的、统一的环境伦理，以得到广泛的传播和深刻的支持，进而有效转化为行动。这种整合需要扬长补短，汲取各派别理论的合理因素，弥补不足的方面；这种整合要求既关注生态道德中的人与自然的生态关系，又关注其中人与人的社会关系。

虽然目前尚未发展出一种体系化的环境伦理共识，但是各学派求同存异、融合发展，在进一步完善自身的前提下，力图与其他流派沟通与整合，寻求多元共存。美国环境伦理共识观念不仅把伦理道德的范围扩展到人与自然的关系中，也力图揭示人与自然关系所影响的人与人的关系，人与自然的关系主张和谐、可持续，人与人的关系遵循公正，以此为社会实践提供普适性的理论指导。

3.3.1.2　和谐与可持续——人与自然的关系

全球性的生态系统失衡和生存环境的不断恶化，让人类中心主义和非人类中心主义两大学派都批判一味掠夺大自然的行为，提倡人与自然的和谐共处的状态（赵晓红，2005）。无论人与自然是主从关系还是平等关系，人类尊重、保护自然是人类的利益使然还是出于自然自身的价值，都不可否认人和自然之间关系密切、相互影响。人与自然都是构成生态系统的内在要素，生态系统的整体机能是一切生物与环境相互依存、相互作用的结果。人对自然的正、负作用，最终会反馈到人类自身的生产、生活之中。人与自然达到协调统一的状态，维护生态系统的稳定、完整是人类社会和自然界共同追求的目标。这种和谐状态不是静态的、短暂的，而是动态的、长期的，即具有可持续性。这种可持续性既包括人的可持续发展，又包括生态系统的可持续演进。

3.3.1.3　公正——人与人的关系

公正是西方伦理思想的主线之一，环境伦理学也将这一理念作为自己的基石，用公正理论来协调环境问题上各利益相关者之间的关系，使之保持均衡、对应状态（曾建平，2002）。环境伦理的公正观表现在人际公正、国际公正和种际公正三个方面。相比各学派在国际公正和种际公正两个方面的争议，人际公正获得了较为普遍的支持。人际公正主要包括代内公正和代际公正。代内公正主张同一时代的人公平享用资源，合理承担保护生态的责任；其中，公平地分配和利用有限的地球资源是代内公正的首要问题。代际公正认为环境不仅是当代人的，也是未来人的；当代人在满足自己的需要进行发展的同时，必须维护支持继续发展的生态系统以满足后代的需要，科学的评判和维护自然的持续发展是代际公正的重要考量。“公正”为环境伦理的应用创造了一个公共空间和对话平台，使利益各方就那些充满争议的环境伦理问题表达自己的观点，使各种观点能够通过公共理性的运用实现有效的交流和沟通，使那些不合理的诉求被公共理性过滤掉，通过对话和商谈使人们就现实生活中充满争议的重大环境决策问题最终达成某种共识。

3.3.2 兼顾多方的系统愿景规划

2017年1月，在美国国家公园管理局成立100周年之际，美国内务部和美国国家公园管理局发布了《国家公园管理体系计划》(National Park Service System Plan：One Hundred Years，以下简称《计划》)。该计划回顾了美国国家公园管理局100年来的发展历程，总结了不足并且展望了未来。

1972年的系统规划侧重于对自然和文化资源的空间梳理，从地理上明确国家公园体系未来的扩张方向；而2017年发布的《计划》则是侧重思路和策略的愿景规划，不做空间上的具体部署。《计划》表现出对人类利用和自然保护、代内和代际人类需求公正、短期和长期效益的多方面考量。它立足于整个国家公园系统，兼顾国家自然和文化资源保护，力图构建关联性强、综合性强的国家公园体系；它提出多样化的保护主题，顾及不同的社会群体和文化，力求为更广大的公众服务；它既展望未来100年的长期愿景，也重视近20年的短期战略。

《计划》的具体内容将在5.1节展开阐述。

3.3.3 动态开放的单元规划文件夹

各个公园单元在系统规划的框架内，根据各地环境开展规划工作。单元规划兼顾自然保护和人类利用，既关注荒野资源管理，详细规定荒野保护的目标、对象和管理程序等，保证不损害自然资源；也重视公园使用管理，提供多样的使用功能以满足多元化的人类利用需求。

单元规划根据环境动态、持续变化的特征，构建了规划决策一体化的动态循环框架。单元规划将建园目的、基础资源和价值作为核心要素，保证体现公园的根本价值不受破坏，其他管控要素根据动态的环境而调整。规划在明确公园目的、重要资源和价值的核心要素后，逐步细化规划目标和规划举措；管理者逐步实施规划并监测自然资源和游客的反馈，及时采取行动或重新评估目标，并在合适的时候重新进入规划循环。规划的过程聚焦公园核心资源和价值，而且立足当下最新的学术成果、科学知识以及公众参与(图3-7)。

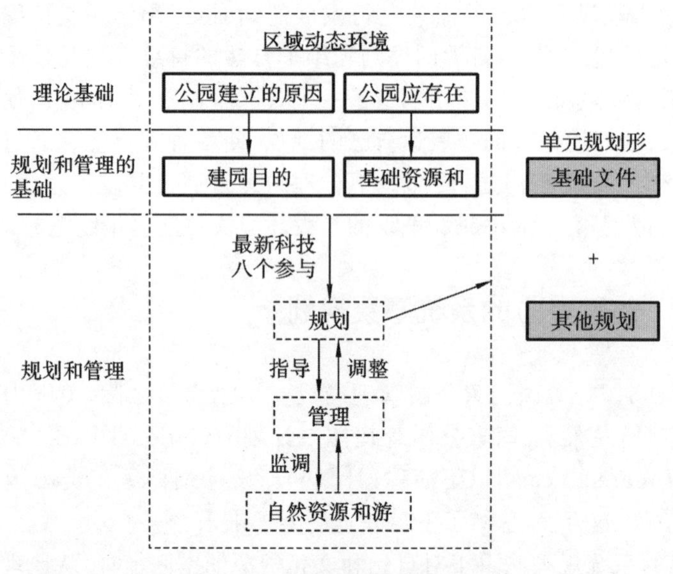

图 3-7 单元规划地逻辑框架

（来源：作者自绘）

2016 年以前的单元规划采用的是层进式结构，规划层级包括基础声明、总体管理计划、项目管理计划、战略计划、实施计划、年度执行计划、年度执行报告等，各层级的关系为单向式，上一层级指导下一层级。从 2016 年开始，为适应复杂多变的公园环境，加强与伙伴组织的协作，让管理行为更加灵活、高效，美国国家公园管理局启用了新的规划结构——扁平式的规划文件夹（planning portfolio）形式，该规划文件夹由核心的基础文件（foundation document）和动态的其他计划组成（图 3-8）。

单元规划文件夹的具体内容将在 5.2 节展开阐述。

3.3.4 全程参与的科学技术

从宏观的系统规划到中微观的单元规划，从编制前期到最终成果，美国国家公园规划都是以科研报告、学术分析、最新的技术和数据为规划基础，从而保证规划决策的科学性、时效性、可操作性，让公园在满足公众使用需求的同时其自然资源“不受损害”。

系统规划虽然发布于 2017 年，但是早在上个世纪就开展了相关研究，规划编制的前期开展了大量的科学调研和分析工作，最终基于 1993 年的《维尔议程》、2001 年的《21 世纪国家公园再思考》、2012 年的《重访利奥波德：国家公园的资源管理》等一系列研究报告制定的，并在规划编制的前期开展了大量的科学调研和

图 3-8　公园单元规划文件夹示意

（来源:作者调研美国丹佛服务中心所获）

分析工作。单元规划的核心基础文件中有“规划和数据需求评估”要求,包括三部分内容——公园的基础资源和价值分析、核心问题确定和相关规划与数据需求,明确后续规划需要解决的重点问题、所需的基础数据和规划研究。

4

现实观照：现代环境伦理视角的美国国家公园规划体系构建

本章是系统空间维度的中观分析。首先分析在现代"和谐、可持续、公平"的环境伦理观指导下,美国国家公园中的环境伦理思想,包括自然观、伦理信念和道德规范,然后阐述在环境伦理指导下构建的现代国家公园规划体系特征。

4.1 现代美国国家公园中的环境伦理思想

4.1.1 自然观

19 世纪末,美国人建立国家公园的初衷是为公众欢愉保存一片自然地域。1916 年《组织法案》规定国家公园管理局的使命是"为了当代人的欢享保护风景、自然和历史文物以及其中的野生生物,并使它们不受损害的传续到下一代人"。《组织法案》中这句话折射出人们对于自然的看法,对于人和自然关系的理解以及行事的规范要求,一百多年来未曾改变,但是在不同的时期人们对这句话的理解各有不同。

20 世纪上半叶国家公园成为国家游乐场,自然对于人类来说是只有工具价值的物质资源。随着 20 世纪 60 年代环境保护运动的兴起、环境伦理的成熟、《荒野法案》等立法的推行,人们对于自然的价值和与人的关系有了更多的认识和反思,国家公园中自然的价值和权利得到了普遍关注。20 世纪 90 年代以来,美国现代环境伦理观"和谐、可持续、公正"影响着社会实践的方方面面,也指导着人们秉持科学的自然观,肩负伦理责任、遵守道德规范开展国家公园工作。

"为了当代人的欢享保护风景、自然和历史文物以及其中的野生生物,并使它们不受损害的传续到下一代人"。现代的美国国家公园仍然肩负着保护自然资源和景观免遭破坏的同时,满足公众的休闲娱乐等需求这样一个几乎"不可能完成的使命"(Keiter,2013),但是对于国家公园中自然的认知已然发生了变化。早期的国家公园被视作"国家游乐场",自然对于人类来说是只有工具价值的物质资源;而现代国家公园中自然自身的价值和权利得到了重视,在荒野地区自然更是成为主宰者。《荒野法案》规定荒野是地球及其生命共同体主宰的地方,人类只是访客;荒野具有生态、地质和其他科学价值,以及教育、风景和历史价值。

《2006 年国家公园管理局管理政策》(Management Policies 2006,以下简称《2006 年管理政策》)是遵照联邦和州法律法规制定的国家公园管理政策,对国家公园中的管理举措提出了行动指引,以统一和规范管理行为。它对于国家公园中"自然资源"的界定,包括物质资源(水、空气、土壤、自然声音、洁净的天空等)、物理过程(天气、侵蚀、洞穴形成、野火等)、生物资源(本土植物、动物和群落等)、生物过程(光合作用、演替、进化等)、生态系统和拥有很高价值的其他特性(比如景观等),体现了对于自然属性和规律,以及自身价值和工具价值的认可、尊重。在“荒野保存和管理”中,它提出国家公园中保存荒野地区的目的在于保存荒野特性和荒野资源不受损害,同时根据《荒野法案》致力于提供休闲、景观、科研、教育、保护和历史用途等公益目的。在“公园使用”中,它提出国家公园的另一个使命是为公众提供欢享机会,但是公众使用公园必须满足前提条件——与公园建立的目的一致;具有可持续性,不会带来不可接受的影响,不允许损害公园资源、价值或者目的的用途。

由此可见一斑。因此,对现代美国国家公园中的自然观可以解读为:

一是关于自然的价值。自然既具有为人类服务的工具价值,也具有自身价值,。在国家公园中其自然的工具价值和自身价值同样重要,但是工具价值的发挥不能损害自身价值。

二是关于人与自然的关系。自然与人类是相互影响的有机整体。在国家公园中,自然是主人、人类是访客,在荒野区域人类不能留下印记,在开发区域人类不能造成无法改变或恢复的资源损失。

4.1.2 伦理信念

《组织法案》表达了人们对国家公园中自然的伦理责任的思考,人与自然、人与人同代和代际的伦理关系都是国家公园伦理信念的考虑范畴。“保护风景、自然和历史文物以及其中的野生生物”“使它们不受损害传续”,体现了人类保护自然和文化资源,维护人与自然可持续发展的责任感;“为了当代人”“传续到下一代人”,表达了对于人类当代后世公平享受自然资源的关照。

肯·伯恩斯(Ken Burns)在纪录片《国家公园:美国的最佳创意》(The National Parks-Americas Best Idea)中对国家公园主管、巡林员、自然学家、游客等进行了采访(图 4-1),他们讲述了国家公园中的自然风景、野生动植物对自己带来的心灵震撼和启智,表达了对自己所拥有的国家财富的自豪感、保护自然的责任感,以及要将这些自然财富传递给子孙后代的信念。

基于现代美国国家公园的自然观,其环境伦理伦理信念可以解读为:

一是关于人与自然的伦理关系。人与自然和谐可持续发展,人类承担维护自然演进规律、维持生态平衡、促进人与自然和谐可持续发展的道德代理者的职责。

二是关于人与人的伦理关系。人类代际、代内公正分配自然资源;当代人对于后代人有受托保管自然资源不受损害的责任,对于同代人有保证人人公平享受自然资源的义务。

图 4-1　不同身份的美国人都表达了对国家公园的自豪感、责任感和传承财富的信念

(来源:《The National Parks — Americas Best Idea》)

4.1.3 道德规范

受自然观和伦理信念导引,国家公园中人类行为的道德规范主要包括四项:遵循自然、尊重科学,避免不可逆损害、坚持最小伤害,适度人口、合理消费,提供多种选择、开放对话平台。这些道德规范虽未出现在相关规划条文中,但是在国家公园的各种政策中有诸多体现,例如《公园规划项目标准 2004》、《管理政策 2006》、主管令(Director's order)等,各项规划也表现出对这些道德规范的遵从。

(1) 遵循自然,尊重科学。为履行国家公园中维护自然演进规律的职责,人类应该维护自然的系统性、完整性、多样性,让自然演进"自行其道",不予干预。而对于自然属性和规律的了解和掌握,以及所有的行政行为,都必须建立在科学研究的基础上,以保证真正顺应自然的特性和规律,对自然资源不造成损害。

(2) 避免不可逆损害,坚持最小伤害。为了实现国家公园为公众服务的职能,人类会对国家公园进行必要的开发建设行为,对自然造成一定影响;为履行维持生态平衡、为后代保管自然资源不受损害的义务,人类必须避免对自然资源造成不可逆的损害;在为了与国家公园目的一致的人类合理利益而不得不干扰生态系统时,比如道路、安全设施、游客中心的建设,应该通过设备和技术手段尽量减少对野生生物的伤害。

(3) 适度人口,合理消费。国家公园拥有杰出的自然和文化资源,又具有为公众提供各种休闲、教育的功能,已成为人类旅游的热门目的地。为履行促进国家公园中人和自然和谐可持续发展的职责,应科学地测定各个区域的生态承载力,人口总数和消费行为不能超过自然的承受限度,同时消费行为不能对自然资源造成不利影响。

(4) 提供多种选择,开放对话平台。国家公园代表的是共享资源和公众利益,为履行人人公平享受自然资源的义务,国家公园涵盖不同主题的自然和文化资源,提供不同的使用机会,满足同代人的不同需求;同时尽可能让更多人的意愿在公共决策过程中得以体现,创建区域和全球性同盟。

4.2 以自然观为导向形成规划理念

现代美国国家公园规划面向资源管理,是规划和决策一体化的体系(杨锐,2003a)。《2006 年管理政策》提出,公园规划致力于将资源条件、游客体验和管理行为作为一个整体统筹考虑,以最大限度的实现保护资源不受损害的为人类当代后世提供欢享。

4.2.1 自然多重价值兼顾的终极理想

基于对国家公园中自然自身价值和工具价值同样重要的环境伦理自然观，国家公园规划的终极理想是“最大限度的实现保护资源不受损害的为人类当代后世提供欢享”——既注重对自然内在价值进行“不受损害”的保护，也重视自然工具价值为人类带来的愉悦。

4.2.2 整体有机的实现路径

国家公园环境伦理自然观认为自然与人类是相互影响的有机整体。因此作为管理工具的国家公园规划，在实现终极理想的路径中，选择将国家公园中与自然和人类密切相关的三个因素——资源条件、游客体验和管理行为进行整体考量、统筹权衡，以达成综合效益的最大化，实现“最大限度”的既保护自然资源不受损害，又提供给人类体验利用。

4.2.3 自然为主的先决前提

国家公园环境伦理自然观提出国家公园中自然是主人、人类是访客。因此国家公园规划虽然对自然保护的要求和人类利用的需求同样重视，但先决条件是尊重自然、遵从自然，保证自然的自身价值和自然规律“不受损害”；自然在发挥其工具价值的时候，自身的价值和规律不能受到破坏。

4.3 以伦理信念为指导确立规划目标

美国国家公园管理局规定公园的规划目标包括三个方面的内容：指导自然资源管理和人类公共服务管理、告示符合公园使命的未来决策、为减少多方冲突和促进当代后世互利提供解决问题的方案。

4.3.1 “和谐发展”——兼顾自然与人类的规划目标

美国国家公园规划作为科学的技术支撑，为公园管理提供明智而及时的指导。公园管理包括自然资源管理和人类公共服务管理两大类型，规划地面向自然和人类兼顾了自然保护和人类使用的管理需求，这是对伦理信念“人与自然和谐发展”的诠释。

4.3.2 “可持续发展”——告示未来决策的规划目标

美国国家公园规划向各级规划使用者、相关利益者以及公众告示与国家公园使命相一致的未来决策的方向和内容,以便形成合力,在长时间内共同促进公园建设,正确、准确地实现公园使命,这是对伦理信念“可持续发展”的理解。

4.3.3 “公正”——均衡互利的规划目标

美国国家公园规划统筹考虑各方需求,为平衡资源分配、减少矛盾提供解决问题的方法和工具。同时均衡当代和后世的利益,提出解决问题的方案——既保证当代公众对公园的享受,也让其成为为了子孙后代而保护资源不受损害战略的一部分。这是对伦理信念“人类代际、代内公正分配自然资源”的表达。

4.4 以道德规范为引导制定规划举措

环境伦理道德规划融汇运用于国家公园的规划举措中。规划的结构、内容、技术和管理支持都体现了对四项道德规范的遵从。

4.4.1 遵循自然、尊重科学的全面运用

4.4.1.1 系统、高效的规划结构

一、系统性——系统-单元的二级总体结构

根据遵循自然、尊重科学,充分考虑自然的系统属性和动态属性,规划的层次分为系统-单元两个层面,从宏观到中微观对国家公园体系进了统筹规划、弹性管理。首先从系统的视角出发,立足于国家整体的自然和文化资源,在系统规划中提出国家公园体系未来的发展框架;然后根据环境的动态属性,在公园的单元规划中根据实地环境制定具体的规划举措和管理决策。

美国国家公园规划体系采用系统规划-单元规划的两级结构体系。一级是针对整个国家公园体系的宏观尺度的系统规划,整体考虑美国所有自然、文化资源和全民使用福祉;二级是针对国家公园各个公园单元的中微观尺度的单元规划,统筹安排各个公园及邻近地域的规划管理工作。

二、高效性——从层进式到扁平式的单元结构

1. 层进式

2016 年以前的单元规划是规划和决策一体化的层进式结构，以确保为公园做的所有决定尽可能低成本，贯彻如一地达到建立公园的目的。层进式结构从逻辑上依次解决为什么建立公园（建园目的和重要性）、公园是什么样的（预期状态）和怎样实现（具体行动）的问题。规划过程从大尺度的总体管理规划，逐步具化到战略规划、实施规划和年度执行计划和报告，所有这些规划都以基础声明（foundation statement）为基础，从时间期限上可以分为三个层次：长期——基础文件（foundation）、总体管理计划（general management plan）和项目计划（program plan），近期——战略计划（strategic plan）和实施计划（implementation plan），年度——年度执行计划和报告（annual performance plan & report）。各层级规划的关系为单向式，上一层级指导下一层级（图 4-2）。

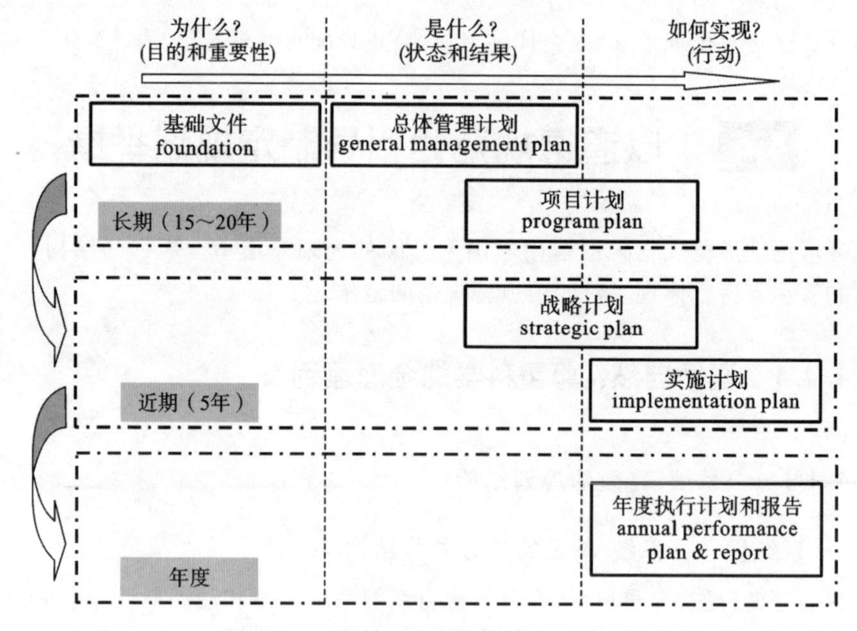

图 4-2 层进式结构

（来源：作者自绘）

规划和决策分层级逐步完成，这个过程始于确定公园建立的原因、应该有什么样的资源条件和游客体验，然后逐渐聚焦于应该达到预期的资源环境和游客体验。规划和决策框架的主要元素包括基础声明、总体管理计划、项目计划、战略计划、实施计划、年度执行计划、年度执行报告。

基础声明——基础声明是规划的开始，它基于公园的授权立法或总统公告，记录了建园目的、重要性、基础资源和价值以及主要解说主题，它还包括相关法律和行政命令。它通常是总体管理计划早期公众和机构审视及数据搜集的一部分。它一旦完成后,应该保持相对稳定,可作为总体管理计划的一部分,或单独成文。

总体管理计划——总体管理计划是基于基础声明,为公园制定长远目标的、内容广泛的规划。它明确规定了需要达到和维持的自然和文化资源状态,明确定义了游客理解、享用和欣赏公园重要资源的必需条件,确定了适宜的、维持公园期望状态的管理活动和游客使用以及开发的种类和水平,确定了维持公园期望状态的指标和标准。对于荒野风景河和国家小径,类似的文件分别是综合河流管理计划和综合管理计划。

项目计划——项目计划是遵循总体管理计划的更详细的文件,为达到和维持期望的公园资源状态和游客体验提供具体项目的战略信息,例如资源管理战略和综合解说计划。

战略计划——战略计划提供1～5年的公园方向和目标,以及可度量的长期目标。长期目标将确定在不久的将来需要达到的资源条件和游客体验,公园主管将对此负责。这些长期目标基于公园的基础声明、公园的自然和文化资源评估、游客体验,以及在现有人员、资金和外部因素条件下公园的执行能力而被确定。每年汇报行动的结果。

实施计划——实施计划提供在公园一个地区实施一项行动所需的具体项目细节,并且解释行动如何帮助达成长期目标。

年度执行计划和报告——年度执行计划和报告阐明公园在每个财政年度的目标,达到目标所需的行动、预算和工作量,以及上一年度实现目标的情况和未达成目标的原因分析。根据这些信息,工作人员可以考虑是否需要额外的规划或者修订规划来最佳地实现公园目标。

2. 扁平式

2016年开始的最新的单元规划采用了扁平式结构,贴合自然环境相互联系、动态变化的特性,能在强势保护自然核心特质要素的前提下根据复杂变化的环境做出更为迅速高效的反馈行动,体现了遵循自然、尊重科学。

扁平式的规划文件夹(planning portfolio)形式,由核心的基础文件(foundation)和动态的其他计划组成。每个公园必须编制基础文件,明确公园的核心使命和规划管理的基础,而其他规划类型可根据公园的具体情况进行选择。扁平式的规划文件夹能够结合实际具有较好的针对性和可操作性,不再受限于强制性的等级顺序,反应更迅速高效;也能纳入其他伙伴组织的相关规划成果,更开放包容。两个层级的关系为双向式,基础文件指导规划文件夹的编制,规划文件夹监控基础文件信息的变化(图4-3)。

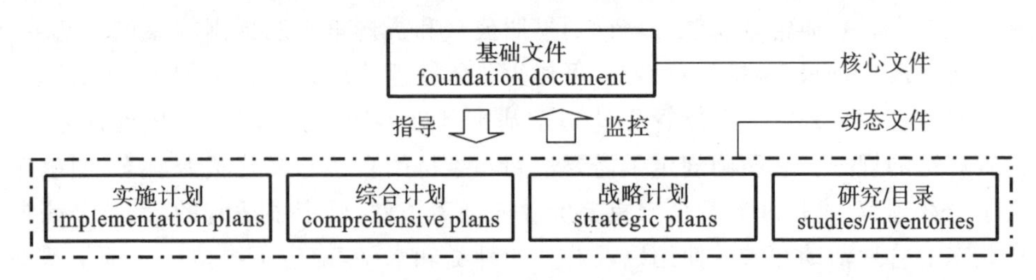

图 4-3　扁平式结构

（来源：作者自绘）

4.4.1.2　科学精准的规划内容

一、刚性和弹性兼备的规划要旨

按照遵循自然、尊重科学，根据自然系统性和动态性特征，系统规划在宏观上把控国家公园系统的发展走向，但是不做具体的空间部署；单元规划提出公园规划目的、重要资源和价值等核心控制要素，保证核心自然资源和价值不受损害，而非核心要素则根据各个公园具体实情提出控制要求。由此，规划管控在宏观和中微观层面都是刚性和弹性要求相结合，既能保证自然资源不受损害，又能根据环境变化采取适宜行动。

二、精准的保护对象和使用要求

遵循自然、尊重科学，根据自然的多重属性，在规划核心控制要素中明确提出公园自然资源保护对象包括其有形、无形特征以及过程。

美国国家公园规划对于自然资源的保护对象和使用要求有详细的规定。规划不是单独保存单个物种或单个自然过程，而是维持自然进化的公园生态系统中的所有组成和过程，包括自然丰度、多样性、本土动植物遗传和生态的完整性等。对于各个公园中自然资源保护对象的界定，包含可见和不可见、静态和动态的自然特征属性，包括实现建园目的、维护其重要性所必不可少的特征、系统、过程、经历、故事、场景、声音、气味或其他在规划和管理过程中应保证主要考虑的属性。

三、因地制宜的区划管理

遵循自然、尊重科学，尊重自然的多样性，提出因地制宜地采用分区管理方式，实现自然资源保护的科学精准管控。

美国国家公园规划在空间上因地制宜，针对不同区域运用不同的规划管理方式，尊重自然资源特征、地域文化和地方经济发展。各个国家公园的区划类别各有特色，管理要求也会因地制宜制定。比如大峡谷国家公园（Grand Canyon National Park）的管理分区包括三大类——自然区域、文化区域和开发区域，其中开发区域又分为公园发展区、交通分区和公用事业分区。以自然区域的管理要求为例,开发仅限于分散的娱乐设施和重要的管理设施,而且这些设施必须对自然资源的管理、使用和欣赏至关重要,并且对风景质量和自然过程没有不利影响。

金门国家游憩地的管理分区分为八类——多样性机会区域、风景廊道区域、演进文化景观区域、历史沉浸区、解说廊道、自然区域,敏感资源区域、公园运营区域(图 4-4)。其中,自然区域的管理要求是保留自然、野生和动态特征以及生态功能。在自然资源的完整性得到保存和修复的同时,提供各种各样的游客体验,游客可以通过小径和海滩直接体验自然资源;对游客使用进行管理以保存资源和相关价值,可以通过围栏敏感区域来控制到访;支撑管理和游客使用的适当设施(比如小径起点)可以被布置在区域边缘。

Resource	Diverse Opportunities Zone	Scenic Corridor Zone	Evolved Cultural Landscape Zone
SUMMARY	This management zone provides a range of natural and historic settings and facilities to welcome and support a variety of opportunities appropriate to the setting. Significant fundamental park resources would be preserved while different levels of visitor use would be accommodated. Visitors would have a wide range of educa-tional, interpretive, and recreational opportunities to enjoy and appreciate the park's resources. Rare and exceptional natural resources, processes, systems, and values would be preserved and enhanced.	This management zone includes scenic trails, roads, and coastlines that provide sightseeing and related recreational opportunities. Resources could be modified in this zone and facilities would highlight and enhance the natural, cultural, and scenic values, as well as provide for a safe tour route.	This management zone would preserve significant historic, archeological, architectural, and landscape features while being adaptively reused for contemporary park and partner needs. Cultural resources, as well as the surrounding natural resources that are often integral to the historic site, would be preserved and interpreted. This zone could contribute to visitor enjoyment and exploration of the historic values and events while providing for other types of uses.

Resource	Historic Immersion Zone	Interpretive Corridor	Natural Zone
SUMMARY	This management zone would preserve historic sites, structures, and landscapes that are evocative of their period of significance. Selected exteriors and designated portions of interior spaces would be managed to protect their historic values and attributes. Visitors would have opportunities to be immersed in the historic setting to explore history with direct contact to cultural resources, complemented by rich interpretation of past stories and events.	(This management zone is applied only to alternatives for Muir Woods National Monument.) This management zone would preserve the monument's natural character and would be richly interpreted through a variety of means. Visitor use would be managed to preserve important natural and cultural resources and their associated values and could involve controlled access.	This management zone would retain the natural, wild, and dynamic characteristics and ecological functions. The natural resources would be managed to preserve and restore resource integrity while providing for various types of visitor experience. Visitors would have opportunities to directly experience the natural resources primarily from trails and beaches. Visitor use would be managed to preserve resources and their associated values and could involve controlled access by means of fencing off sensitive areas. Modest facilities that support management and visitor use within this zone, such as a trailhead, could be placed on the periphery of the zone.

Resource	Sensitive Resources Zone	Park Operations Zone
SUMMARY	This management zone would consist of fundamental natural resources that are highly sensitive to a variety of activities and would receive the highest level of protection. Resources would be managed to preserve their fundamental values while being monitored and often studied for scientific purposes. Access to these areas would be highly controlled, possibly by fencing off sensitive areas. These areas could be subject to closures, and access could be restricted to the less sensitive edges of the zone. External threats to resources would be addressed.	This management zone would primarily support developed facilities for park and partners operations and mainten-ance functions. This zone would be managed to provide facilities that are safe, secured, and appropriate for functions required for park management. Access to these areas for visitors would be controlled and limited to organized meetings, programs, and access to park administration.

图 4-4 金门国家游憩地的管理区划

八个分区从左到右依次为:多样性机会区域、风景廊道区域、演进文化景观区域、历史沉浸区域、解说廊道、自然区域、敏感资源区域、公园运营区域

(来源:《金门国家游憩地总体管理计划/环境影响报告》)

4.4.1.3 以科技为规划支撑

按照遵循自然、尊重科学,美国国家公园规划体系是以新科研成果为支撑。美国国家公园从整个系统到各个公园,其规划都是建立在科学研究的基础上,以保证规划决策的科学性、时效性、可操作性。比如,2017 年国家公园的系统规划《国家公园管理局体系计划》是基于《21 世纪国家公园再思考》《重访利奥波德:国家公园的资源管理》等一系列研究报告制定的,在每个公园规划的核心基础文件中都有详细的规划和数据需求评估的规定,荒野管理规划中要求运用最新技术以将对自然的损害降到最低值。

4.4.1.4 动态多元的规划管理支持

按照遵循自然、尊重科学,国家公园的规划管理根据自然资源的动态特征采用了适应性管理,并根据环境变化实时调整管理政策,为规划提供了实时高效的管理支持:根据自然资源的系统性和多样性特征,采取了分级分区的管理方式,吸

纳了多元化的专业人才。

一、动态的管理技术和政策

国家公园管理局运用了适应性管理(adaptive management)技术。适应性管理认为关于自然资源系统的知识和了解有时不确定,而在这种情况下适应性管理是最佳方法。它基于清晰明确的结果,通过监测来确定管理行为是否达到结果的管理实践体系。如果没有达到结果,将改变管理行为以确保达成结果或者重新评估结果。国家公园职员在监测公园使用的过程中,如果发现意料之外的影响变得明显,那么将报告公园主管以进一步管理或者限制使用来减小影响,中止造成不可接受影响的使用用途,以避免或者最小化或者减轻来自公园使用的影响。

同时,国家公园管理局也掌控了制定国家公园管理政策的权利,以便于根据环境变化对国家公园管理制度做出实时调整。在延续《组织法案》的立法精神的前提下,根据环境变化制定的国家公园管理政策,比如《2006 年管理政策》则体现出对于自然资源的优先关照,管理原则中提出,防止公园资源和价值受损;当资源保护和利用发生冲突的时候,确保保护第一。

二、分级分区的机构协同管理

对于公园规划方案的内容,从联邦到区域、地方,有多个美国国家公园管理局办公室参与辅助、管理和执行。国家公园管理局华盛顿特区总部办公室中的公园规划和专题研究部门(The Park Planning and Special Studies Division)对公园规划提供全面指导。国家公园管理局下设有 7 个区域办公室——阿拉斯加区域办事处、山区区域办事处、中西部地区的办公室、首都区域办事处、东北区域办公室、西太平洋区域办事处、东南地区的办公室(图 4-5),每个区域办公室都有一个支持公园规划项目的规划部门。国家公园管理局下设的丹佛服务中心规划部向公园

图 4-5　7 个区域办公室

(来源:https://www.nps.gov/aboutus/upload/NPS-Org-Chart.pdf)

和区域办公室提供规划产品和规划服务。专业的规划服务和规划队伍,保证了国家公园规划在执行过程中不走样地有力推进。

除了专门负责规划的办公室,国家公园管理局的许多其他部门和项目也参与了公园规划项目,在整个机构中发挥作用帮助解决公园需求问题。环境质量部门依照《国家环境政策法案》向工作人员提供指导、技术援助、培训和建议来协助开展管理规划(management planning),为后代欢愉保护公园资源和价值。丹佛服务中心交通部门与公园管理者以及伙伴合作管理交通项目的实施计划(implementation plans),确保公园资源得到保护。哈普斯·费里中心解说规划项目帮助公园管理者处理游客园中的体验事宜,包括解说、导向、教育、安全和资源保护。解说规划是一个目标驱动的过程,它推荐战略方针来帮助公园实现其使命、保护资源,并为游客提供最好的服务。商业服务设施项目负责确保为国家公园里游客使用和欢愉提供优质的服务和活动。商业服务规划提供了有逻辑的决策过程,以决定哪种类型的活动和服务将由有资质的企业提供,并确定适当的方式(特许经营合同、商业使用授权和/或租赁)来管理那些活动和服务。河流、步道和保护援助项目支持全国社区主导的自然资源保护和户外娱乐项目。该项目和社区团体、非营利组织、部落、州和地方政府合作,设计步道和公园,保护和改进河流可达性,保护特殊地点,并创造娱乐机会。

三、多元化、专业化的管理人才

国家公园管理局吸纳了不同学科的专业人士来负责公园的管理工作,比如景观设计师、野生动植物学家、工程师、巡林员等,让自然资源保护有专业保障。国家公园管理局丹佛服务中心拥有规划、社区、自然资源、经济等领域的职员,并联合多部门、多项目、多学科的人才共同参与规划,对规划给予了科学专业、全面多元的管理支撑。

4.4.2 避免不可逆损害、坚持最小伤害的规划管控

“避免不可逆损害、坚持最小伤害”反映了对人类对待自然的行为限制,确定了规划的禁区和底线,在规划内容中多有体现。

基础文件将公园的基础资源和价值列为核心要素进行刚性控制,保证了自然资源不受到不可逆的破坏。再如规划方案进行环境影响评价,前瞻性预估各种规划行为对自然造成的影响,以规避不可逆损害,选取对自然负面影响最小的方案;又如在荒野的管控中提出最低限度利用必需的工具来实施管理和研究功能,这些工具应该尽可能是原始的、非机械的,并且确保所需使用工具的技术和类型对于荒野资源和特征的影响是最小的。

4.4.3 适度人口、合理消费的规划指引

“适度人口、合理消费”反映了人类为了保护自然而对于自身的约束，明晰了规划对自然利用的程度和类型限制，在规划内容中多有表现。

比如荒野中的公众使用限制通过小径起点配额系统来控制，保证一个区域的平均使用不超过该区域的承载力，配额每年都会被荒野护林员和资源管理者检核、调整。再如公园中会进行管理区划，不同分区的功能有不同的定位，对于人类的行为有不同的规定，引导人们合理享用自然资源。

4.4.4 提供多种选择、开放对话平台的规划手段

“提供多种选择、开放对话平台”反映了面对自然资源，人类共建共享的行为准则，明确了规划应采用多元化和开放性的手段，在规划结构和内容中多有表达。

比如为了向广大公众提供多种选择，系统规划兼顾社会不同群体的需求和不同文化表达的需要，确定多种保护和展示主题；单元规划既关注自然资源保护，又统筹考虑人类休闲、运动、教育、科研等多元需求的满足。再如单元规划的扁平式规划结构由核心的基础文件和动态的其他规划组成，基础文件由国家公园管理局丹佛服务中心负责编制，而其他规划对伙伴团队的规划和研究成果持友好态度，欢迎共同纳入规划体系形成合力，形成了开放包容的规划结构。

又如地区居民、员工、部落和其他公共利益相关者定期与公园代表（包括管理员、规划师、解说员和教育者）交流，参与公园规划和管理决定，参与解说项目和产品的开发。

5

实例透视：现代美国国家公园规划体系典型案例解读

本章是具象维度的微观透视。通过分析系统规划、单元规划和总体管理计划的典型案例，进一步论证和解读现代美国国家公园规划体系对于环境伦理自然观、伦理信念和四项道德规范的遵从，解读环境伦理在规划体例中的应用。

5.1 《国家公园管理局体系计划》

5.1.1 系统规划概述

2017年1月，美国内务部和国家公园管理局于国家公园管理局成立100周年之际发布了《国家公园管理局体系计划》(National Park Service System Plan:One Hundred Years，以下简称《体系计划》)。《体系计划》回顾了国家公园管理局100年来的发展历程，总结了不足，并且展望了未来100年。

严格来说，《体系计划》是对国家公园管理局工作的部署，但实际上也是国家公园体系的长期发展规划。

5.1.2 以科研报告为规划基础

《体系计划》是一本不足150页的小册子，精炼地回顾了过去100年的发展历程，展望了未来100年的发展。在这些真知灼见背后，是多年来各种科研报告工作者的不懈努力。这些研究的关注视野包含所有生物，从地方拓展到全球生态网络，反映出对自然自身价值的重视，人类担负维护自然演进规律、维持生态平衡的责任感，力求人与自然和谐的环境伦理思想。

2001年国家公园系统咨询委员会(National Park System Advisory Board)发布的《21世纪国家公园再思考》(Rethinking the National Parks for the 21st Century)，重新审视了国家公园管理局运行的社会、文化、政治环境，对国家公园管理局未来的行动提出了建议。该文件建议国家公园管理局将生物多样性的保护作为执行保护任务的核心原则，赋予动植物更多的收藏参考价值，将该原则关联到全球生物清单；积极参与保护海洋和陆地资源保护，建立国内和国际对话伙伴关系；推进可持续发展的原则，并且以身作则去实践。

2012年国家公园系统咨询委员会发布报告《重访利奥波德：国家公园的资源管理》(Revisiting Leopold:Resource Stewardship in the National Parks)。该报告结合新环境、新挑战重新修订了1963年《利奥波德报告》提出的资源管理的原则，提出了资源管理目标、达成目标的政策和行动等。该报告提出国家公园系统中资源管理的总体目标应该是管理尚未完全了解、持续变化的国家公园系统资源,以保护生态的完整性和文化、历史的原真性,为游客提供多变的体验,形成国家保护土地和海洋景观的核心。为了达成目标,管理局应该突破地域界线,在更大的地域范围内统筹考虑资源管理,并拥有更长期的计划。

5.1.3 规划理念

与1972年的版本不同,《体系计划》不包含任何关于具体空间布局的内容。20世纪七十年代,美国国家公园体系还处于大幅扩张阶段,因此系统规划侧重于从空间上引导体系构建。而到2016年12月底,美国国家公园已有413个单元、遍布美国每个州,建立了门类比较齐全、布局较为均衡的单元体系。所以这个阶段的体系规划,偏重于从系统视角总结问题、提供规划策略,为规划行动提供方向和路径(表5-1)。

《体系计划》的规划理念是对基本性、长期性、整体性问题进行综合考量,提出美国国家公园规划体系未来的发展思路、战略对策等。

表5-1 《国家公园管理局体系计划》目录

章　节	内　容
一 规划简介和规划目标	体系计划背景
	为了将来的规划
二 今日国家公园体系和国家公园管理局	国家公园体系的开端
	今日的公园体系
	国家公园体系单元的评定和任命
	国家公园管理局——超越了单元体系
	小结
三 未来,更广泛的保护	突出资源保护的缺口
	弱势文化资源和价值
	弱势自然资源
	小结
四 成功的愿景——国家公园管理局的第二个一百年	目标1:支持继续对缺口开展分析
	目标2:改进新增单元考察程序
	目标3:拥抱新的保护角色
	目标4:将公园带归人民
	未来的道路

续表

章　　节	内　　容
五 附录	贡献者、词汇表、参考资料
	附录 A:截至 2016 年 12 月国家公园体系单元和相关地区
	附录 B:国家公园管理局项目

(来源:作者译自《国家公园管理局体系计划》)

5.1.4 规划目标

《体系计划》总结了三个方面的问题:一是国家公园体系的发展有时缺乏国家尺度的总体视野和系统思维,二是某些自然、文化主题和重要资源的保护存在"缺口",三是国家公园体系的发展未充分反映国家人口的变化性特征(比如人口城市化的程度越来越高),并且有必要包含开展协作保护的方法。

《体系计划》针对三个问题提出了三个规划目标:一是建立一个主动指引国家公园体系未来发展的框架;二是确定国家自然和文化保护区中的缺口;三是建立一个充分反映国家文化和自然遗产的协作保护(conservation)体系,以应对变化的环境、服务所有的美国人民,并应对未来美国人民将面临的挑战。

三个规划目标对于自然资源和人类文化资源保护进行整体性、系统性的要求,体现了将自然和人类作为整体统筹考量、"和谐发展"的伦理信念;对于变化环境、未来挑战的思考,反映了"可持续发展"的伦理理想;对于所有美国人民和未来美国人民的关照,体现了"公正"的伦理信仰。

5.1.5 规划战略

5.1.5.1 战略一:确认"缺口"

从国家重要的文化资源和自然资源角度出发,提出目前国家公园系统中未被充分代表的弱式文化资源和自然资源,以期在未来获得保存、保护或者(向公众)解说的机会。

"文化资源缺口"涵盖了性别、人种、社会阶层、国家历史等方面,体现了对"人类公正"伦理信念的落实,对"提供多种选择"规范的遵循;"自然资源缺口"涉及到各种生态系统的多样性、完整性和原真性,体现了"自然为主"的自然观,对"遵循自然"规范的遵守(表 5-2)。

表 5-2 国家公园中的弱式文化资源和自然资源

类型		内容
文化资源缺口		社会组织历史,塑造美国文化、经济和社会的移民,美国印第安人、阿拉斯加原住民和太平洋岛民,美国历史上的妇女,非洲裔美国人的历史,美国的多样性,音乐和艺术,教育的历史,美国工业的历史,禁酒令事件,重建时期,科学、技术、工程和数学,土地保护和环境意识的历史,美国外交历史
自然资源缺口	弱势生态系统	淡水生物多样性热点、河口环境、海洋生态系统、依赖海洋气候的陆地生态系统、高海拔沙漠
	其他自然资源	指除弱势生态系统以外的国家公园体系中弱势的自然资源、系统和生态过程,包括生境廊道、候鸟中途停靠点、高产生态系统、暗夜星空和地质特征
	景观连通性	指在空间尺度上,国家公园体系中跨越公园边界所包含的景观连通性,以保证可持续的生态完整性和历史文化的原真性

(来源:作者译自《国家公园管理局体系计划》并编写)

5.1.5.2 战略二:构建未来行动框架

为构建关联性强、综合性强的国家公园体系,《计划》提出了四个目标以及每个目标面临的挑战和下一步行动建议,共同构成了未来行动框架(a framework for future action)。这些宏观目标和建议需要进一步科学严谨地探究、深化、细化,而且会根据规划和研究项目定期开展重新评估和更新。四个目标体现了对国家公园本身以及人类需求的关注,分别是:

目标一——继续对“缺口”开展分析(Continuous Gap Analysis)。由于历史和我们对历史的理解是动态变化的,因此对于自然资源和文化资源的缺口分析要持续跟进。

目标二——改进新增单元考察程序(Consideration of New Units)。主要包括提升评估标准、寻求持续性资助经费和简化公园命名类别。

目标三——拥抱新的保护角色(Embracing New Conservation Roles)。与新的团体和机构建立良好合作关系,以提升效率和效益,最终惠及公众的公共利益。

目标四——将公园带归人民(Bring Park to People)。国家公园管理局第一个100 年是将人们带向公园,而第二个 100 年将把公园带归人民。

针对各个目标的行动建议体现了对环境伦理四项道德规范的遵守。比如目标一的行动建议中提出利用 GIS 和其他数据库对“缺口”进行动态评价，遵守了“遵循自然、尊重科学”；再如目标四的行动建议中提出使用新技术让年轻人不仅可以拥有新的体验项目，而且可以贡献出自己的故事和观点，反映了“提供多种选择、开放对话平台”。

5.2 优胜美地国家公园

5.2.1 案例背景

5.2.1.1 优胜美地国家公园概述

结合本研究视角和主题，选择以自然资源闻名、对国家公园理念发源有重要意义的优胜美地国家公园为单元规划研究案例。

优胜美地国家公园位于美国西部加利福尼亚州(也称加州)，内华达山脉西麓，面积约 747 956 英亩(约 3027 平方千米)。公园内 94%的面积是国家指定的荒野地区，位于荒野地区的图奥勒米河和默塞德河是国家荒野风景河的一部分。

优胜美地地区于 1864 年建立州立公园，是美国第一个为公众欢愉而保留的自然保护区，为 1872 年美国第一个国家公园的建立铺设了道路；1890 年，在“国家公园之父”缪尔的努力下，优胜美地成为国家公园。优胜美地国家公园以壮美的悬崖、高悬的瀑布、清澈的溪流、巨大的红杉林和生物多样性享誉世界，1984 年被联合国教科文组织列为世界遗产地(图 5-1)。

5.2.1.2 规划案例选择

单元规划种类繁多，美国的《国家公园管理局规划产品和服务分类》(2016 年 5 月第四版)列举了 75 项不同尺度和类型的规划产品和服务。但总体来看，单元规划分为核心规划和其他规划两种类型。每个公园单元必须编制核心规划，其他规划根据各自的特征和实际选取。

在优胜美地国家公园规划的案例选择中，按照规划的重要程度，选取单元规划文件夹中的核心文件——基础文件进行案例分析；关于单元规划文件夹中的其他规划，根据本研究主题“人和自然”，按照规划涉及的公园最主要利益相关者即自然、游客、提供游客服务的公司，选取荒野管理规划、解说规划和特许经营服务规划进行案例分析。

图 5-1 优胜美地国家公园

（来源:作者拍摄）

5.2.2 规划理念

每个国家公园的单元规划以基础文件为核心,为每个单元明确核心使命、为规划和决策提供基础指导,以成为不同类别、不同层次规划的基础 ,让管理者、设计者和公众认识到关于国家公园的关键性问题所在。其他规划用于指导公园的某个专项领域的决策(比如登山管理计划、游客使用研究和文化景观目录),包括各种计划(plans)、研究(studies)和目录(inventories)等。

基础文件明确了公园的目的,包括公园必须保护的重要自然、文化资源以及为人类提供的使用机会,以它作为单元规划的核心,反映了自然为主、自然多重价值兼顾的环境伦理自然观;其他规划包括对管理、游客、资源等方面的指导,反映了统筹考虑人与自然,"整体有机"综合权衡的规划路径。

5.2.3 核心规划

基础文件是每个国家公园规划文件夹的核心、规划和管理的基础,是对公园的资源、价值和历史的基本理解,从而有效地管理国家公园单元并规划其未来。优胜美地国家公园基础文件编制于 2016 年,该基础文件是基于 1980 年的《总体管理计划》编制的,包括核心要素和动态要素两部分。

5.2.3.1 核心要素

核心要素通常不随时间而改变,包括公园简述、建园目的、公园重要性、基础资源和价值以及解说主题五个方面。建园目的是核心要素的基础,决定了其他要素的内容。

一、建园目的

建园目的是核心要素的基础，决定了其他要素的内容。建园目的明确提出建立公园的具体缘由，通常是经过对授权立法和影响其发展的立法史进行细致分析后起草确定的，为理解公园的重要性打下基础。

优胜美地国家公园的目的摘录自1980年的《总体管理计划》，包括四个方面的内容：一是在公园范围内保持动态的自然环境，包括高耸的花岗岩穹顶、鬼斧神工的悬崖、垂挂的瀑布、古老的红杉林、广阔的荒野、自由流淌的荒野风景河流；二是展示内华达中部山脉的文化和历史传统，包括人类几千年的历史；三是延续美国保护伦理；四是为人类世代提供科学探索、娱乐、教育和激励启示的机会。

建园目的反映出对自然资源保护和人类文化伦理、教育娱乐等需求的兼顾。自然资源保护对象除了自然实物，还有其外在特征和动态特性，体现了对自然自身价值的认可，以及对自然本质属性和规律的尊重。展示在自然环境中孕育发展的人文资源，表述了自然与人类是有机整体的自然观。而“延续美国保护伦理”和“为人类世代”的表述，反映了人类和自然和谐发展的伦理信念，人类公正享用自然资源的伦理责任感。

二、公园重要性

公园重要性表述公园的资源和价值，获得国家公园单元命名的原因，描述了公园在全球、国家、地区和系统中的重要性。重要性声明和建园目的紧密相连，并且拥有数据、研究和舆论的支持。

优胜美地国家公园的重要性声明是，优胜美地国家公园是联合国教科文组织规定的世界遗产地，优胜美地山谷和马里波萨林地是全球国家公园理念的发源地，优胜美地国家公园是美国为了公众利益和景观欣赏而留置的第一个自然风景区，拥有加州主要流域中的两条河流的水源，拥有内华达山脉最大的亚高山草甸综合体。

由此可见，对于公园的重要性的考量是出于自然自身价值和对人类工具价值两个方面。重要性程度涉及从全球到地方的不同系统范围，体现出整体性、系统性思维方式。

三、基础资源和价值

基础资源和价值与公园的立法目的紧密相关，比重要性声明更加具体。它明确了实现建园目的、维护其重要性所必不可少的特征、系统、过程、经历、故事、场景、声音、气味或其他在规划和管理过程中应保证主要考虑的属性。基础资源和价值有助于将规划和管理工作聚焦于对于公园来说真正重要的事务上。国家公园管理局管理者最重要的责任之一就是通过保护和让公众享用实现建园目的和维持其重要性的品质。如果基础资源和价值被损坏,那么就可能危及建园目的或重要性。

优胜美地国家公园具有10个基础资源和价值要素,涵盖了自然的自身价值和工具价值(表5-3),其中前6项是自然资源的自身价值,包括自然可见和不可见、静态和动态的特征属性,比如"指定的荒野和荒野风景河流——自然过程在这里畅通无阻,原始景观为动植物提供了天堂。游客在这里可以体验静谧、隐蔽、独特的荒野或者河流游憩"。后4项是自然资源的工具价值或者人文价值,包括对人类身体和精神的价值,强调人与自然的关联性,比如"多样化的娱乐体验——包括养生、独处、锻炼、(与自然产生)敬畏的情感联系;接受教育的机会——培养下一代的(对自然资源)管理(的知识和能力)"。

表5-3 优胜美国国家公园基础资源和价值

基础资源和价值	自然价值类型
独特的地质景观	自然自身价值
壮观有感召力的风景	
指定的荒野和荒野风景河流	
水资源丰度和质量	
巨杉	
生态多样性	
维系人类(在这个地方)的关联性	自然工具价值
多样化的娱乐体验	
接受教育的机会	
全球保护领导者	

(来源:作者编译自《优胜美地国家公园基础文件》)

四、解说主题

解说主题是指游客游览公园后应该了解的主要故事和概念,它们向游客传达了关于公园的最重要的理念和概念。主题反映了公园宗旨、重要性、资源和价值,是揭示和阐明公园资源所代表的意义、概念、背景和价值的组织工具。合理的主题能准确反映当下的知识和科学,并鼓励人们对事件和自然过程发生的背景及其影响开展探索。解说主题不仅仅是对于事件和过程的描述,而且提供了多种体验和思考公园及其资源的机会。这些主题帮助人们理解为什么公园和人类相关,帮助人们关注他们和公园在时间或场所上的关联。

优胜美地国家公园的解说主题有13项,每一条都力图体现自然和人类的关联,展现自然对于人的价值——包括全体人类和个人、国家和个人(表5-4)。对于

全体人类的价值包括审美、科研、记录历史、延续传统等；个人价值包括身体上的锻炼、休养，精神上的舒缓、启迪等。同时，这些主题也致力于传播自然保护思想、国家公园理念、公园管理伦理等。

表 5-4 优胜美地国家公园解说主题

主题内容	主要自然价值	主要关联对象
优胜美地的美景吸引八方游客，静谧、安宁的氛围能缓解生活压力	审美 休养 舒缓	自然与个人
优胜美地复杂而动态的地质过程创造了多样变化的景观，产生了世界美景，提供了重要的科研机会	审美 科研	自然与人类
巨杉提供了分享优胜美地故事的机会，包括优胜美地被授权(保护)的激励故事，保存古老而高大生物的奇迹故事	记录历史	自然与人类
荒野概念源于美国，人们确信有一些荒地资源对于美国人来说至关重要，自然过程在那里能自行其道。优胜美地荒野保留了其原始特性，为人们保留了一个审视自己与自然界关系的特殊地方	延续传统 启迪	自然与国家 自然与个人
如同国家公园讲述了国家的故事一般，优胜美地中的荒野风景河流沿岸和水域涵盖了国家自然和文化遗产	记录历史	自然与国家
人类和图奥勒米河以及周边的草坪、花岗岩穹顶共存了至少 8000 年。人类在这里的历史讲述了图奥勒米的故事，优胜美地是一个给予人启迪、思辨和精神传承的地方	启迪 记录历史	自然与人类 自然与个人
优胜美地的原始自然环境提供了生物多样性，并成为生动的科研实验室	科研	自然与人类
众多印第安部落居住在或穿越优胜美地国家公园时，会交易资源、交换见闻，有时还会通婚——这些习俗延续至今	延续传统	自然与国家

续表

主题内容	主要自然价值	主要关联对象
优胜美地山谷和马里波萨林地是第一个全球公认的政府为了公众利益和景观欣赏而留置的自然风景区,因此优胜美地成为了享誉世界的国家公园理念的发源地	延续传统	自然与人类
19世纪50年代后期优胜美地的文化故事让人们能充分反思旅游、保存、管理和国家公园管理局伦理观念发展的历史	记录历史 启迪	自然与国家 自然与个人
在优胜美地,第一位国家公园管理局设计师为公园建筑物创造了独特的建筑风格。这种乡村风格的建筑后来成为了国家公园管理局建筑的代名词。由于国家公园管理局对民间保护队(CCC)的监管和国内公园的发展,这种乡村建筑风格全国可见	记录历史	自然与国家
作为联合国教科文组织任命的世界遗产地,优胜美地被世界公认为对于人类有杰出价值的地方,为国际合作和交流提供了机会	记录历史 延续传统 科研	自然与人类
攀登者和优胜美地之间的联系是历史的、身体的、精神的。攀岩让人沉浸于此,与优胜美地产生舒适的、可持续的、直接的联系	锻炼 启迪	自然与个人

(来源:作者编译自《优胜美地国家公园基础文件》)

5.2.3.2 动态要素

一、特别令、特别指定、行政协议

公园的规划管理为不同的利益群体提供了沟通交流的平台,一个公园的许多管理决定由其他联邦机构、州和地方政府、公用事业公司、合作机构和其他组织的特别令、特别指定、行政协议指导或影响,体现了对“开放对话平台”规范的遵从。这些条命可以支持合作关系网络,以帮助实现建园目标,促进和其他组织的工作联系,是优胜美地国家公园管理和规划的必需要素。

特别令是一个公园必须执行的要求,可以通过授权立法、公园建立后的独立立法或司法过程来体现,可以扩展建园目的或者引入与建园目的无关的要素。特别指定是某个机构或者组织给予的价值认定或者委任的使命。行政协议(administrative commitments)通常来说是通过正式、建档过程的协议,经常是备

忘录形式，例如地役权、路权、应急服务响应安排等(表 5-5)。

表 5-5　优胜美地国家公园特别令、特别指定和行政协议

类　别	名　称	目　的
特别令	《1913 年瑞克法案》	授予旧金山市和郡所有必需的路权，包括 250 英尺宽穿过优胜美地国家公园用以建设、运营和维护以下设施的用地——水利、电力电气、电话电报、交通等
	《1958 年 EI Portal 管理场所法案》	内政部长授权优胜美地国家公园提供一处管理场所，在公园西门外的 EI Portal 处建设一处 1200 英亩的管理场所。它既不是优胜美地国家公园的一部分，也不适用保护公园价值的一般规范。内政部长会为其管控签署特别的规章制度(比如《EI Portal 主管纲要》)
	《一类地区清洁空气法案》(1977 年)	指定优胜美地公园为一类地区，需要对空气质量、敏感的生态系统和干净、清晰的视野提供特别保护
	《加利福尼亚州荒野法案》(1984 年)	指定 677600 英亩的优胜美地荒野以及 3550 英亩包括其他公园在内的潜在荒野
	《图奥勒米河》(1984 年)	通过《加利福尼亚州荒野法案》将图奥勒米河指定为荒野风景河流体系的组成部分
	《默塞德河》(1987 年)	美国国会指定默塞德河为荒野风景河流体系的组成部分
特别指定	联合国教科文世界遗产地	1984 年优胜美地国家公园因其地质和生态价值被指定为“联合国教科文组织世界遗产地”
行政协议	优胜美地国家公园与多种合作者签订了协议，包括与搜寻和救援、执法、紧急援助、募款、“太平洋山顶国家风景步道”许可发放、研究和修复活动、教育活动、特许权经营、特殊用途许可相关的其他组织、机构、团体等	

(来源：作者编译自《优胜美地国家公园基础文件》)

二、规划和数据需求评估

规划和数据需求评估反映了规划问题、解决这些问题的规划项目以及与规划相关信息需求,包括三个部分:基础资源和价值分析、核心问题的确定和相关规划与数据需求。其中第三部分根据前两部分确定。

规划和数据需求评估围绕公司的基础资源和价值确定,以确保针对自然的规划行为有充足的规划和科技支撑,体现了“遵循自然、尊重科学”。

(一)基础资源和价值分析

基础资源和价值分析是针对公园的每项基础资源和价值,分析研究现实状况、潜在危险和机遇,包括 4 个方面的内容——相关已有数据和计划、数据和/或 GIS 需求、规划需求、法律政策(包括法律、行政命令、规章制度、国家公园管理局政策层面的指导)。

优胜美地国家公园的基础资源和价值有 10 项,以下从自然资源的自身价值和工具价值中各选择一个,以“指定的荒野和荒野风景河流”和“多样化的娱乐体验”两项的“基础资源和价值分析”为例(表 5-6 和表 5-7)进行译析。

表 5-6 指定的荒野和荒野风景河流的基础资源和价值分析

基础资源和价值	指定的荒野和荒野风景河流
相关已有数据和计划	· 总体管理计划,游客使用/公园运营/发展(1980) · 荒野管理计划:优胜美地国家公园(1989) · 荒野历史资源调查 1989 年季度报告(1989) · 资源管理计划(1994) · 火管理计划,环境影响报告(2004) · 半穹顶小径管事计划/环境评估(2012) · 默塞德荒野风景河流最终综合管理计划和环境影响报告(2014) · 图奥勒米荒野风景河流最终综合管理计划和环境影响报告(2014) · 分类构筑物数据库清单(进行中) · 公园内空气质量和烟雾监测数据(进行中) · 家畜使用研究(进行中)
数据和/或 GIS 需求	· 游客使用研究 · 公园扩建中的荒野适宜性研究(阿克森草甸) · 声学监测报告

续表

基础资源和价值	指定的荒野和荒野风景河流
规划需求	·综合游客使用管理战略 ·荒野管事(stewardship)计划(进行中) ·实施默塞德和图奥勒米河流计划的场地和设施设计
法律政策	适用的法律、行政命令和规章制度 ·1964年荒野法案 ·1968年荒野风景河法案 ·1977年清洁空气法案 ·1972年清洁水资源法案 ·1984年加利福尼亚州荒野法案 ·2009年公共汽车公共用地管理法案 ·行政命令11514,“保护和提升环境质量” ·秘书令3289,“解决气候变化对于美国水体、土地和其他自然文化资源的影响” 国家公园管理局政策层面的指导(主要是“管理政策2006”和“局长令”) ·管理政策2006“总体管理概念” ·管理政策2006“国家野生景观河体系” ·管理政策2006“荒野保存和管理” ·局长令41号:荒野管事 ·局长令46号:荒野风景河 ·局长令47号:声环境保护和噪声管理 ·国家公园管理局参考手册41条:荒野管事 ·在国家公园管理局中保持野性:荒野特性和公园规划、管理、监测的一体化用户指南 ·国家公园管理局75条自然资源清单和监测指南 ·国家公园管理局自然资源管理参考手册77条

(来源:作者译自《优胜美地国家公园基础文件》)

表 5-7 多样化的娱乐体验的基础资源和价值分析

基础资源和价值	多样化的娱乐体验
相关已有数据和计划	· 总体管理计划,游客使用/公园运营/发展(1980) · 荒野管理计划:优胜美地国家公园(1989) · 特许经营服务计划/环境影响报告附补充文件和决策记录(1989) · 优胜美地国家公园柯里村和东优胜美地谷露营地改造工程环境评估(2003) · 2005 年夏季游客研究(2006) · 2008 年冬季游客研究(2008) · 2009 年夏季游客研究(2010) · 允许獾通过的滑雪小屋修复/环境评估(2010) · 泰纳亚湖地区计划/环境评估(2010) · 半穹顶小径管事计划/环境评估(2012) · 长期解说计划(2012) · 巨杉马里波萨林地修复/最终环境影响报告(2013) · 默塞德荒野风景河流最终综合管理计划和环境影响报告(2014) · 图奥勒米荒野风景河流最终综合管理计划和环境影响报告(2014) · 小径维护计划(进行中,每 5 年更新) · 荒野许可数据(进行中) · 公园内空气质量和烟雾监测数据(进行中) · 可达性过渡计划(进行中)
数据和/或 GIS 需求	· 游客使用研究 · 基于课程的教育需求分析 · 志愿机会评估
规划需求	· 综合游客使用管理战略 · 外展计划 · 荒野管事(stewardship)计划(进行中) · 观光车管理战略

续表

基础资源和价值	多样化的娱乐体验
法律政策	适用的法律、行政命令和规章制度 ·1990 年美国残疾人法案 ·1968 年建筑障碍法案 ·美国残疾人法案建筑和设施可达性指南;建筑障碍法案可达性指南 ·1973 年康复法案 ·1998 年国家公园管理局特许经营管理改进法案 ·特许经营合同 国家公园管理局政策层面的指导(主要是“管理政策 2006”和“局长令”) ·局长令 6 号:解说和教育 ·局长令 42 号:国家公园管理局项目、设施和服务的残疾游客可达性 ·局长令 48A 号:特许经营管理 ·局长令 48B 号:商业使用授权 ·管理政策 2006“解说和教育” ·管理政策 2006“公园使用” ·管理政策 2006“公园设施” ·管理政策 2006“商务游客服务” ·交通规划指南

(来源:作者译自《优胜美地国家公园基础文件》)

由表 5-6 和表 5-7 所示的案例可见,基础资源的保护和利用,都有从联邦到地方、从政府到行业机构等各层各面的法律和政策、研究和规划的保障。对自然资源的自身价值进行分析时,会统筹考虑相关自然要素以及人类因素,比如在指定的荒野和荒野风景河流案例中考虑了荒野、河流及相关自然要素(火、空气、声音),以及与人相关的家畜、游客、公共汽车等;对自然资源的工具价值进行分析时,会考虑多个利益群体的需求和相关的自然因素,比如多样化的娱乐体验案例中考虑了运动、教育、特许经营、解说活动、志愿活动、游客使用管理、残疾人使用管理、荒野管理等。

(二) 核心问题的确定

这一部分根据基础资源和价值分析,提出了规划和管理中需要解决的核心问题,以及解决这些问题的措施和必要的规划、数据。它反映了人与自然是有机整体的自然观,体现了人与自然可持续发展的伦理信念,以及对环境伦理四项道德规范的遵从。

优胜美地国家公园的核心问题聚焦在环境保护和人类需求两个方面,主要包括7个方面的内容——游客拥挤和堵车、交通、可持续性、逾期养护、气候变化、住房以及多样性、关联性和包容性。在解决环境保护问题时,积极寻求合作,发动公众,力求融入更大的环保行动,将环保理念传播至更广泛的范围,力行“遵循自然、尊重科学”“提供多种选择、开放对话平台”;在满足人类使用需求时,也十分重视对自然资源的影响,遵从“避免不可逆损害、坚持最小伤害”“适度人口、合理消费”。详见以下“游客拥挤和堵车”、“可持续性”两个案例。

1. 游客拥挤和堵车

优胜美地每年接待超过400万的游客,其中75%的游客在旺季到访(5月至10月)。虽然优胜美地地域广阔,但是在一些小的地区游客会聚集滞留。旅游旺季,交通堵塞、无处停车、频繁的小径会遇每天都在上演。优胜美地谷、图奥勒米草甸和马里波萨树林都是热门景点,常常人满为患。这些热门景点对周边地区的荒野特征产生了影响。公园已经针对优胜美地谷、图奥勒米草甸地区编制了游客使用管理指南,荒野管理指南也在编制中,主要的游客交通改造计划也在筹划中。但是,公园需要更好地监测游客到访情况以实施这些指南。公园也致力于鼓励游客到优胜美地谷以外的地方旅游和淡季旅游。

核心问题包括荒野管事(stewardship)计划、游客使用管理战略、实施默塞德和图奥勒米河流计划的场地和设施设计、游客使用研究。

2. 可持续性

优胜美地国家公园和它的合作伙伴采取了许多行动促进并将可持续性融入管理、运营和游客到访中,比如成为第一批“气候友好公园”,进行高效能源和替代交通的改进,参与搜集了近60%废弃物的循环项目,参加“零废物公园”的试点项目。同时,公园也创造机会以更好地教导游客如何可持续,让他们不仅在公园旅游的时候践行可持续,还将这种意识和改变带入他们的生活方式,带回他们的家园,带向世界各地。

核心问题包括实施默塞德和图奥勒米河流计划的场地和设施设计、游客使用管理战略、气候变化数据、观光公交管理战略、综合能源审计。

(三)规划和数据需求

1. 基本要求

为了保持与基础文件的核心要素及其重要性的联系,规划和数据需求直接与保护基础资源和价值、公园重要性、建园目的以及解决核心问题相关,而且“遵循自然、尊重科学”。

规划和数据需求强调结论的科学性。为了规划工作的顺利开展,来自如清单、研究、学术活动和分析等来源的信息,会被要求证明(撰写者)具有关于公园资源和游客信息的足够知识。

规划和数据需求强调使用的科学性。所有的规划和数据需求根据其重要性被定为高、中、低三个优先级别，以指导公园管理对于重要规划项目的资金和支持保障。评估每个规划或者数据需求的优先级别主要考虑规划级别、准备程度、急迫性、资源保护和提升体验，具体包括：

①完工或者实施需要区域或 WASO 审核或者批准；

②工作的启动是合理的、可预见的；

③应急的或者紧急的；

④保护基础资源和价值或者阻止资源退化；

⑤提升游客体验；

⑥解决多个相互关联的问题。

2. 类别

优胜美地国家公园规划和数据需求根据内容可分为三类：设施和运营、资源管理、游客使用和体验。关注点在两个方面，一是自然和文化资源，二是人类设施和体现（表 5-8）。

表 5-8　优胜美地国家公园规划需求和数据需求

规划或数据需求	优先级别（高、中、低）	备　注
	设施和运营	
规划		
住房管理战略	高	
实施默塞德和图奥勒米河流规划的场地和设施设计	高	
观光公交管理战略	高	
鹤坪和霍奇登草甸水系统计划	中	
数据需求和研究		
综合能源审计	中	
图奥勒米草甸废水处理厂研究	中	
	资源管理	
规划		
荒野管事（stewardship）计划（进行中）	高	
气候变化适应计划	中	
历史构筑物战略	中	

续表

规划或数据需求	优先级别(高、中、低)	备注
草甸恢复计划	中	恢复战略将处理气候变化适应性和弹性问题,特别在优胜美地谷和图奥勒米草甸地区
草甸植被和文化景观管理战略	中	
优胜美地谷植被和文化景观管理战略	中	包括远景管理
数据需求和研究		
气候变化数据	高	
小径、乡村小屋和佩特山谷的资格认定和国家注册提名	高	
优胜美地谷考古和历史地区的国家注册提名更新	高	
公园敏感生态系统中污染物剂量反应的增补研究	中	包括对公园中水银和其他有毒污染物监测
对空气质量的资源敏感性确定,空气质量未来需求评估和效应研究和监测	中	
附加地区臭氧监测	中	包括公园中臭氧对植物和树木影响效果的研究
夜空评估报告	中	
声学监测报告	中	最新的报告编制于2005—2006
行政管理历史	中	
EI入口和瓦沃纳的考古区提名更新	中	
所有遗产资源的基线研究	中	国家历史保护官员表示有些基线研究已经过时需要更新。有些需要根据现在的标准重新评估

续表

规划或数据需求	优先级别(高、中、低)	备　　注
瓦沃纳路的资格认定和国家注册提名	中	
优胜美地谷传统文化资产的归档和国家注册资格	中	
图奥勒米传统文化资产研究	中	
公园附加地区的荒野可持续性研究(阿克森草甸)	中	
游客使用和体验		
规划		
综合游客使用管理战略	高	
外展计划	中	公园边界以外的综合计划/交流战略
数据需求和研究		
游客使用研究	高	
基于课程的教育需求分析	中	
志愿机会评估	中	可以结合游客使用战略来评估志愿者如何参加公园运营

(来源:作者译自《优胜美地国家公园基础文件》)

3. 高优先级别的规划和数据需求

优胜美地国家公园高优先级的规划需求主要集中在加强环境保护、提升人类使用体验和解决自然保护与人类使用冲突三个方面,包括住房管理策略、实施默塞德和图奥勒米河流规划的场地和设施设计、观光公交管理策略、荒野管理计划(进行中)、综合游客使用管理策略;高优先级的数据需求包括气候变化数据,小径、乡村小屋和佩特山谷的资格认定和国家注册提名,优胜美地谷考古和历史地区的国家注册提名更新,游客使用研究。

对于高优先级别的规划需求和数据需求,进一步从理论依据和内容范围两个方面进行明确,体现了严谨的科学性以及对科学技术的倚重。详见以下综合游客使用管理等案例。

1）高优先级的规划需求

（1）以综合游客使用管理战略为例。

理论依据——优胜美地国家公园面临许多游客使用的管理挑战，包括使用冲突、小径阻塞和游客高峰季节的严重交通拥堵。这些问题在优胜美地谷和图奥勒米草甸地区特别普遍。默塞德和图奥勒米河流计划对于游客容量已经做出规划，但是需要制定和实施管理战略来确保这些游客容量不被突破。

内容范围——综合游客使用管理战略会评估当前的游客使用模式和特点，确定游客使用管理目标、对象、战略、维持期望的资源条件和游客体验工具。战略的一个关键要点是在高峰时段将游客从优胜美地谷和其他拥堵地区引导至其他休闲地区。战略将综合考虑全园的游客使用模式，鼓励在时间和空间上均衡分布，在游览体验与建园目的一致的同时保护基础资源和价值。战略也将探索将游客的休闲娱乐体验扩展至公园附近的门户社区和公共用地。广泛或特定的游客使用数据和研究，将帮助在高使用率地区理解和指导游客行为。

（2）以荒野管事（stewardship）计划（正在进行）为例。

理论依据——优胜美地荒野管事规划的目的是审核1989年编制的《优胜美地国家公园荒野管理计划》（Yosemite Wildness Management Plan）建立的管理方向，同时根据需要更新它以更好地符合当代的使用模式和国家公园管理局政策。

内容范围——荒野管事计划将审查、完善已有的荒野计划，吸收关于游客使用模式、游客使用管理方法、小径设计和建设技术以及在荒野环境中管理家畜概念的新信息和知识。它将对于荒野特征的新政策方向和定义融入公园荒野管理框架，并审核未来荒野地区的状态。最后，该计划会决定什么样的商业服务能在优胜美地荒野开展。

一旦完成荒野管事计划，修订后的荒野管事计划的指导方向将运用于荒野地区的游客使用和行政使用（国家公园管理局和特许经营者）。因为有一些具体的行动，所以计划的主要关注点在为估量和监测荒野特征提供一个框架，以保证未来的管理行为适应变化的环境。

2）高优先级的数据需求

以游客使用研究为例。

理论依据和内容范围——对于游客使用模式和需求的更好理解，是游客使用管理规划决策、交通管理战略、解说和教育项目所必需的。这些研究也将帮助确认游客容量是否超过默塞德和图奥勒米河流计划的容量，以及哪些事情将会触发下一步的管理行动。该研究包括准确计算入口和优胜美地谷的车辆、优胜美地谷游客停车和摆渡车使用（白天和晚上的宾客）、平季使用调查、荒野游客使用模式（基于许可信息和与其他机构共享的数据）、攀岩数据。除此之外，还需要审核或更新将交通量转化为公园到访预测的假设。

5.2.4 其他规划

5.2.4.1 荒野管理规划

国家公园管理局管辖的所有土地都将被评估是否适合纳入国家荒野保存体系。在国会和总统对于拥有荒野特征的土地提出最后决议之前，不允许有任何损害成为荒野资格的行为。

对于每个拥有荒野资源的公园都会编制和维护一项荒野管理计划或者等效的规划文件来指导保存、管理和使用荒野资源。荒野管理计划明确提出期望的荒野状态，并建立采取管理行动以减少人类对荒野资源影响的指标、标准、条件和阈值。

《优胜美地国家公园荒野管理计划》(Yosemite Wildness Management Plan)编制于 1989 年，新一版的《荒野管事计划和环境影响评价》(Wildness Management Plan & Environmental Impact Statement)是对 1989 年版的审核和更新，尚在编制中。《优胜美地国家公园荒野管理计划》规划要点可以归纳为五个方面：目标和对象、荒野管理程序、荒野使用管理、公园运营和机构使用。这五个规划要点体现了荒野中自然是主人的自然观，人与自然可持续发展的伦理理想和对四项道德原则的遵循。

一、目标和对象

(一) 规划目标

荒野管理规划的目标兼顾了荒野保护和人类体验，对荒野自身价值和工具价值同样重视，但是其强调发挥工具价值的前提是不对荒野自身价值产生严重影响，体现了人与自然和谐共处的伦理信念(表 5-9)。

表 5-9 荒野管理规划的目标

目标类别	目标内容	体现的环境伦理观
自然自身价值	保存自然界以及形成它的过程和活动，使其环境基本不受人类干扰； 生态系统(包括植物、动物和未受污染的空气和水)保持在远离人类构筑物、干扰和科技产品的自然状态	自然观：荒野是主人，人类是访客，荒野区域人类不能留下印记； 伦理信念：人类承担维护自然演进规律、维持生态平衡的职责

续表

目标类别	目标内容	体现的环境伦理观
自然工具价值	只要不对国家公园管理保护的荒野价值造成严重影响,鼓励游客使用和享用荒野; 为荒野游客提供优质的体验机会,包括独处、身体和精神挑战、探究各种领域的生物和自然科学、和其他人在平等友好的氛围中共处等	自然观:国家公园中其工具价值和自身价值同样重要,但工具价值的发挥不能损害自身价值; 伦理信念:提供多元选择,力求人与自然和谐可持续发展,人类公正享有自然资源

(来源:作者译自《优胜美地国家公园荒野管理计划》并编写)

(二)规划对象和要求

规划关注的具体对象包括 12 项,分为人类行为、人利用的工具和设施、人对荒野的影响三类。可见荒野管理的对象是人,体现了自然是主人,人类是访客的自然观;规划对象的管控要求体现了对环境伦理四项道德规范的遵从(表 5-10)。

表 5-10　荒野管理规划的对象和要求

类别	规划对象	管控要求	遵循的道德规范
人类行为	荒野体验	尽量满足游客在荒野中不同种类、不同程度的体验需求和期望; 在与荒野资源和谐一致的前提下,对于监管的限制应降至最低; 提供徒步和骑家畜的旅行方式	提供多种选择
	荒野价值	提供教育和解说媒体和项目以促进对荒野价值更好的理解和欣赏,帮助游客将对资源的影响最小化; 这些服务项目应该阐明荒野的概念、人类对于荒野的使用的历史、荒野理念的历史,促进最小影响技术的运用,推进适当的食物储藏和荒野安全工作; 以上服务提供官方和非官方的获取途径	坚持最小伤害

续表

类 别	规 划 对 象	管 控 要 求	遵循的道德规范
人类行为	管理活动	国家公园管理局将通过护林员巡逻和非官方的讲解来提供相关信息和执行规章条例； 通过使用安全警告、提供适宜有效的搜索和救援反应来提高公众安全； 除了在指定露营地，其他地区不能移除危险的树木，允许树木偶尔倒落； 除了在奥姆斯特德观景点和斯普林山的泰奥加路两侧，荒野地区不进行环境改造来减少岩体滑坡、雪崩或其他自然现象； 不遏制自然火灾，除非危机生命、财产或蔓延出自然火灾区域	遵循自然、尊重科学
	研究和监测	国家公园管理局鼓励并开展荒野资源研究，并用其确保自然过程不受损害的进行； 监测荒野资源为确定公园发展方向提供信息基础，并确保能适宜地管理(人类行为对荒野的)影响	避免不可逆损害 遵循自然、尊重科学
人利用的工具和设施	最低限度的工具	最低限度利用必需的工具来实施管理和研究功能。这些工具应该尽可能是原始的、非机械的	避免不可逆损害、坚持最小伤害
	飞机使用	除了灭火、搜索和营救、医疗援助或者执法的紧急情况，优胜美地荒野不允许使用飞机。每个非紧急行政飞行必须获得公园主管批准	避免不可逆损害、坚持最小伤害

续表

类 别	规 划 对 象	管 控 要 求	遵循的道德规范
人利用的工具和设施	荒野设施	荒野设施仅限目前存在或在本计划中提出的设施,包括安全栏、食物储存设备、带食品柜的指定露营点、卫生间等; 除了小径交汇处的标牌,现有地名标牌、临时紧急和资源标牌、荒野标志都将集中在小径起点和边界。 除了建议的水文气象设施不许再引进新设施	坚持最小伤害 合理消费
	游客设施	奥斯特兰德湖滑雪棚和5个高塞拉营地是位于潜在荒野地的游客过夜设施,不再增加设施; 现有设施的运行如果对邻近的荒野环境产生了有害影响则将被移除	适度人口、合理消费避免不可逆损害、坚持最小伤害
	废弃路	优胜美地荒野有大量废弃的路。在大多数情况下,小径基于老的路基进行维护,排水系统也应具有防侵蚀的作用; 一些路在“国家历史构筑名录”上,它们将被保存并保护免于使用维护技术的而造成的进一步恶化; 剩余的路在解决排水问题后,允许回归自然状态	避免不可逆损害、坚持最小伤害
	公共管线	列明了地下公共管线的位置(略); 这些线路的一部分在荒野地区,不能使用机械手段维护; 荒野地区不再安装新的管线,现有管线不再延长或扩容; 在优胜美地谷和冰川观景点之间、南入口和马里波萨树林之间的空中电缆线位于潜在荒野地区,如要更新,这些线路将被埋于非荒野道路廊道下或者采用无线电或类似技术替代;这些老旧设备一旦被移除,潜在荒野地区就将被并入优胜美地荒野	避免不可逆损害、坚持最小伤害 合理消费 遵循自然、尊重科学

续表

类别	规划对象	管控要求	遵循的道德规范
人对荒野的影响	人为引起的变化	对人为引起的变化加以限制，保证来自文明科技社会的干扰不会逐步蚕食荒野价值； 确定最大使用水平和额度，关闭或严格限制进入或扎营某些地区； 小径、营地和其他影响因素将被系统检测以确定何时达到不可接受水准	遵循自然、尊重科学 适度人口、合理消费 避免不可逆损害、坚持最小伤害
	资源影响	无论是在荒野、小径内外、常用或不常用的游览地区，自然和文化资源影响产生的问题会根据其严重程度获得管理优先考虑，并得到及时改正； 对于荒野原理来说，对郊远、鲜有人至的草甸地区的侵蚀与破坏，与常有人游览的小径起点附近地区的损害一样不利	遵循自然、尊重科学

（来源：作者译自《优胜美地国家公园荒野管理计划》并编写）

二、荒野管理程序

荒野中有各种各样的环境，从小径起点使用频繁的露营地到遥远的、道路不通的峡谷。这些地区的管理应该维持或提升自然环境现有状态和平衡，阻止恶化的可能，并修复已经退化的地区；同时，为了保证区域可持续发展、避免不可接受的损害，必须限制使用，因此，荒野管理的程序依次为使用区划、使用限制和影响监测，体现了对环境伦理道德规范的遵循。

（一）使用区划

优胜美地荒野的区划随着设施的发展和使用的增加不断演进。正式区划始于 1972 年指定的旅行区，随后又设置了无宿营区、无柴火区等。

无宿营区包括公共道路两侧一英里以内，以及优胜美地谷、冰川观景点、赫奇赫奇山谷、图奥勒米草甸和瓦沃纳区域小径四英里以内。这样一来是消除对荒野资源的影响，二来是保证游客的游览体验。另外有些区域（具体名称略）被划作无宿营区是为了保护图奥勒米草甸的饮用水供应。

无柴火区包括所有海拔在 9600 英尺以上的荒野地区和默塞德河的洛斯特山

谷。因为这些地方每年自然死亡的白皮松不能满足燃料木材的供应,若允许使用柴火将砍伐树木,破坏生态。

(二)使用限制

公众使用限制是用来保护环境和风景价值、自然和文化资源,合理分配人类的使用。公众使用限制通过小径起点配额系统来管理。比如,首先让52个旅行区基于区域面积、小径长度和生态脆弱性确定承载力,然后制定小径起点配额以保证一个区域的平均使用不超过该区的承载力。配额每年都会被荒野护林员和资源管理者检核、调整。

(三)影响监测

最后一步程序是对小径和营地附近的资源进行影响监测,为确定荒野资源可接受的变化水平提供数据。监测数据也为评估未来变化和趋势提供基线。场地、小径和旅行区影响评价用于调整小径起点配额、旅行区容量,也为荒野维护优先事宜提供建议。

三、荒野使用管理

荒野使用管理主要明确对于荒野的使用在对象、数量和程度要求,提出了详细的分类、精确的数据和明析的条款,体现了对环境伦理四项道德规范的遵守,其内容包括:

(一)荒野准入和预约

荒野许可是保护荒野资源和确保荒野旅行者欢愉和安全的关键管理工具。许可系统能够在重度使用地区分散或限制访客,在对荒野使用造成最小影响和遵守荒野规章的前提下开展教育,辅助搜集管理决策基础数据。

荒野的日间使用主要基于政策而不是许可。在主要小径的人数不超过每组35人,越野旅行[①]每组人数不超过8个。小组人数由国家公园、国家森林等机构联合确定,国家公园机构通过与商业用户分享、沟通信息来减少对小径、露营区和越野路径的环境影响。

在荒野过夜需要获得荒野许可。荒野许可需要通过邮件进行预约,从每年的2月1日开始到5月31日截止,采取先到先得原则。邮件中要注明旅行线路以及备选线路,以防游览旺季配额已满的情况。在荒野过夜的每组人员不超过25个,15个及以上人数的小组需要在每年2月1日至5月31日之间书面递交请求。

另外,荒野中的攀岩路径目前没有规章制约,不需获得荒野许可。但是攀岩者必须正确保护食物,随身携带垃圾而不能扔在途中。

(二)最小化对荒野使用的影响

荒野许可、小径起点配额、团队人员限制和维护是最小化荒野用户影响的重

① 越野旅行指跨越到小径以外的地方穿行荒野。

要管理工具。同时,荒野使用者应该注意公园规章和最小化影响的程序。最小化影响措施包括三个方面:扎营最小化影响措施、小径使用最小化影响措施、其他限制影响的规定。

扎营最小化影响措施对营地、火和木头使用、固体废物、饮用水、卫生、食物储存提出了要求,诸如不能建设永久性营房构筑,例如石墙、壁炉等,人类排泄物应埋于一个距离水、小径和营帐至少 100 英寸以外的小洞,盖上 4～6 英尺的泥土,并且要使其与周边环境无区别,卫生纸应该烧毁。

小径使用最小化影响措施是对捷径的禁止以及人员和牲畜的数量限制(表 5-11)。

表 5-11　优胜美地国家公园规划需求和数据需求

日间使用		
/	建成的小径	越野的地区
徒步者	35	8
牲畜	35 头每路段	0
夜间使用		
/	建成的小径	越野的地区
徒步者	25	8
牲畜	25 个人和 25 头牲畜	0

(来源:作者译自《优胜美地国家公园荒野管理计划》)

其他限制影响的规定包括对宠物、武器、钓鱼、自行车、水运工具等方面提出的要求,主要是根据各种联邦、州的法律法规对人类对荒野的使用提出禁止使用和限制性要求。

(三) 荒野牲畜使用

马、骡、驴等牲畜的使用在优胜美地历史悠久,是优胜美地荒野重要的使用和欢享元素,至今仍是一项重要的娱乐活动,也为管理和维护提供了方便。荒野牲畜使用对牲畜类型、小径使用、每组数量、放牧、公众信息、美洲驼等进行了详细规定。

比如牲畜类型包括商用牲畜、行政管理用途的牲畜和私人牲畜。商用牲畜需要商业执照,过夜需要荒野使用许可;运营者还需要向国家公园管理局资源管理部门报告每年放牧的天数。行政管理用途的牲畜的用途包括巡林队和公共工程、搜索和营救、管理和检查等。私人牲畜使用包括日间骑行和夜间背包旅行。

四、公园运营

《优胜美地国家公园荒野管理计划》明确了公园运营涉及的 7 个主要方面的

目标和管控内容,所有的工作都会开展跨部门合作。公园运营的7个主要专题涵盖了人类在公园中的主要行为,其目标体现了对人和自然的兼顾,人与自然和谐可持续发展的伦理信念(表5-12)。

具体的管控内容体现了对环境伦理四个道德规范的遵循,比如在公园运营的管控涉及荒野资源和荒野使用时,国家公园管理局将最小化地使用必需工具,成功、安全、经济地达到管理目标;当使用最小量工具时,经济因素是三个标准中最不重要的;被选择的工具或器械应该是临时或永久对荒野价值造成最小损害的那一种。

表5-12 公园运营目标

专　　题	目　　标
游客保护	保护人类生命和财产;通过实施声音资源管理准则、提供准确的信息、最小程度最高效率地执行所有适用的法律、规章和政策的方式,保护和保存公园资源
荒野维护	保证(人工)设施和(自然)环境的关系,与荒野立法和本规划的要求一致,荒野立法和环境问题优于经济特权
自然资源管理	保证对公园生态系统的发展和维护有动态影响的自然过程持续永存
文化资源管理	为公园规划和档案记录文化资源中的信息,保存对于理解公园自然和文化历史有着重要作用的资源
解说	为每位游客提供基本了解优胜美地国家公园的机会; 提供关于公园内在危险、资源价值和允许的、适宜的使用的信息; 综合采用使用解说服务和媒体,以促进(游客)理解、欣赏和认同重要的公园资源、它们的管理、面对的威胁、它们的自然过程和保存它们的必要性; 积极支持和促进公园主要管理项目、政策和关注点,特别是公众健康和安全、最小化影响、熊、火、森林、濒危物种、荒野和特许经营管理、执法以及《总体管理计划》; 促进游客身体、精神和情感上的参与,形成最小化影响资源和高品质体验的游客行为观念和模式
特许经营管理	确保为公众提供的特许经营设施的质量,荒野中的设施满足合同要求,确保在荒野地区指南指导下这些设施与环境的兼容性

续表

专　题	目　标
研究	《荒野法案》将科学研究视为对于荒野地区的正当使用。研究的目标是重申和执行这个观点，允许那些既不会有害地改变自然或生物资源和生态系统过程，又不会侵害荒野环境的美学价值和休闲享用的研究和数据搜集

（来源：作者译自《优胜美地国家公园荒野管理计划》）

五、机构使用

机构使用明确提出了优胜美地国家公园中的三家机构（优胜美地公园和柯里公司、优胜美地协会（私人非营利组织）、优胜美地研究所（私人非营利组织）），以及在优胜美地荒野和潜在荒野中负责的项目和工作指南等。

机构的使用体现了对于环境伦理道德规范的遵循，比如优胜美地公园和柯里公司中的露营地项目规定，默塞德湖营地位于海拔为 7150 英尺的默塞德湖东侧尽头，可以容纳 60 人，拥有污水系统，水源是默塞德河，体现了“适度人口”。

5.2.4.2　解说规划

一、目的和构成

解说规划的目的是让人认知、了解公园重要的自然和文化资源，从而建立起人们与公园的关联，体现了人与自然和谐可持续发展的伦理信念。2006 年的《国家公园管理局解说和教育商业计划》提出，国家公园管理局的解说和教育（服务）的目的是提供与公园相关的难忘、有意义、鼓舞人心的经历，并且加强公众对国家自然和文化资源意义和关联的充分理解。

二、规划构成

各个公园的《综合解说计划》（Comprehensive Interpretive Plan）表现了预期游客体验的愿景，体现了解说和教育部门在公园资源保护中的角色。它在战略上设想、组织和论证实现公园项目预期结果的解说和信息服务，同时也明确和表述公园解说项目的基本情况，包括公园目的、公园重要性、解说主题、管理目标、观众和游客体验机会。

《综合解说计划》由三个部分组成，《长期解说计划》（Long Range Interpretive Plan）、《年度解说计划》（Annual Interpretive Plan）和《解说数据库》（Interpretive Database）。《长期解说计划》是《综合解说计划》的支柱，确定了现有和未来期望的解说和教育状况，明确了解说公园自然和文化资源的综合方法，指导未来 5～10

年的解说和教育(活动)。《年度解说计划》将《长期解说计划》的内容进行分解，提出本年度的解说和教育任务。解说数据库是综合规划文件、清单、解说项目大纲、研究资源、志愿项目政策和操作资源等文件的综合数据库，是公园中解说和教育运作的重要资源。

《长期解说计划》是《综合解说计划》最主要的组成部分，以下就优胜美地国家公园《长期解说计划》为例进行解读。

三、优胜美地国家公园

优胜美地国家公园的《长期解说计划》于2012年完成。此时单元规划体系的核心规划是《总体管理计划》，因此优胜美地国家公园的《长期解说计划》是基于《总体管理计划》编制的。

《长期解说计划》的主要内容包括规划基础和优胜美地解说和教育项目建议两大部分(表5-13)。

表5-13 《长期解说计划》目录

章	内　容
第一部分　规划基础	建园目的
	资源重要性
	解说主题
	解说和教育的管理目标
	到访和观众特征
	观众体验目标
	雇员和游客安全
	解说合作伙伴的角色和职责
	优胜美地解说管理团队
第二部分　优胜美地解说和教育项目建议	优胜美地启迪、激励全世界(愿景)
	影响解说的事宜
	不同(参观)模式的建议： 传达到家庭和社区中的人 传达到门户社区的人 传达到公园入口和边界的人 传达到优胜美地主要景点的人 总体操作建议

(来源：作者译自《优胜美地国家公园长期解说计划》)

《长期解说计划》通过对建园目的、资源重要性的解说,向人们传递了国家公园的自然观、伦理信念(建园目的和资源重要性的详细内容,见上文基础文件中相关部分),其余内容也体现了对环境伦理四项道德规范的遵守。比如"到访和观众特征研究"体现了"尊重科学"。到访和观众特征研究包括游客量(年游客量、月度游客量)、游客构成、游客活动、游客设施和服务、到访前信息咨询源、游览时长、游览中学习方式的比较、游客需求等。

每一项研究都基于大量的调研、数据分析、科学理论等。比如游客需求研究中,运用了马斯洛需求层次理论,将原有的5种需求结合公园实情分解为8种需求,并提出满足不同层级需求的具体项目和制度(图5-2)。

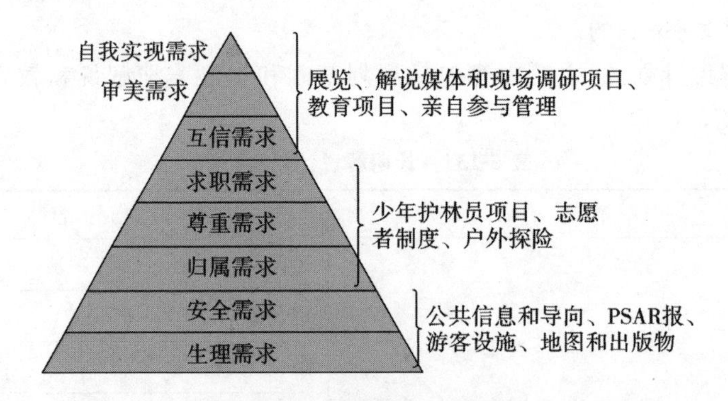

图5-2 游客需求研究

(来源:作者译自《优胜美地国家公园长期解说计划》)

再如解说和教育服务模式体现了"提供多种选择"。优胜美地国家公园提供的解说和教育服务是同心圆模式(图5-3)。最外层的是如何将解说和教育服务传达到在家庭和当地社区中的人们;下一层如何传达到前往优胜美地公园门户社区的人们;再往下一层是优胜美地的入口和边界,也是解说和教育服务的重点;最中心的是优胜美地国家公园重要景点中的服务和管理。不同圈层有不同的目标和建议。

5.2.4.3 特许经营服务规划

一、特许经营服务概况

"风景对游客来说是一种'空洞'的享受——早上在难以消化的早餐后出发,夜里无床时睡时醒。"国家公园管理局第一任局长马瑟如此说。他认为游客只有吃好睡好才能充分欣赏国家公园的奇观。自1872年黄石国家公园成立以后,私营公司就进驻公园为游客提供服务,促进了国家公园的发展。1965年,美国国会通过了《1965年特许经营法》(The 1965 Concession Policy Act),鼓励和授权私人

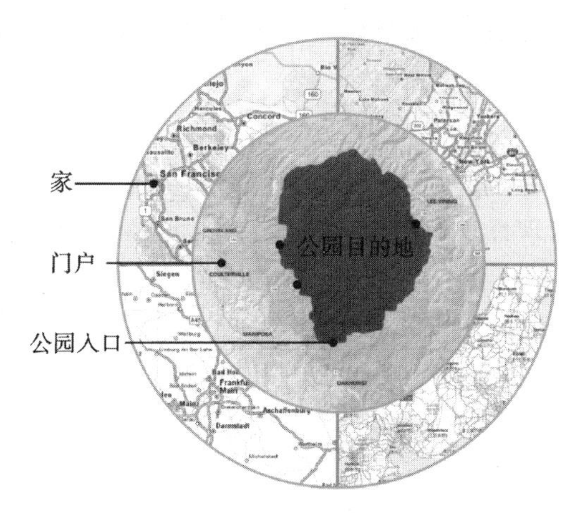

图 5-3 解说和教育的同心圆服务模式

（来源:作者译自《优胜美地国家公园长期解说计划》）

和企业提供和运营旅游设施和服务,并且要求这些为公众使用服务的开发应该是必须的、适宜的,坚持尽大限度保存和保护这些地区(的公园价值)。《1988 年特许经营管理改进法案》(the 1998 Concessions Management Improvement Act)减少了优先权,加强了问责制和监督,着力提供更加公平的特许经营环境,进一步保证最小化对公园价值的损害。

特许经营者在帮助国家公园管理局履行其使命方面起着至关重要的作用。政府不直接提供游客服务,而是引入私人公司与国家公园管理局合作。特许经营者专门从事这些业务,以合理的价格为公众提供优质服务,方便公众充分欣赏国家的自然和文化宝藏。通过在公园经营中引入私人部门作为合作伙伴,国家公园管理局提升了地区和公园周边社区的经济水平。

国家公园管理局管理着 500 多个特许合同,年度总金额冲过 10 亿美元。在旺季,特许经营者在不同领域雇佣超过 25 000 人来提供服务,包括餐饮住宿、漂流冒险和汽车长途旅行。

二、优胜美地国家公园特许经营服务规划

特许经营服务通常通过特许合同的形式进行管理,特许经营服务规划属于实施规划,通常是为了实施总体管理计划或者特许合同的要求,可以根据实际情况进行调整。

优胜美地国家公园的《特许经营服务计划和环境影响报告》(Concession Services Plan and Environmental Impact Statement)(附录 F)的重点是实施并补充完善 1980 年的《总体管理计划(游客使用、公园运营和发展计划)》。该特许经营服务规划仅针对总体管理计划中与特许经营运营相关的部分进行了修改,总体管理计划提出的特许经营目标不变,交通、员工住宅在总体管理计划中已做要求

的计划也不做研究。同时，规划的制定也参考了国家公园管理局其他规划的要求，例如发展概念计划、资源管理计划、河流实施计划等。

（一）目的和需求

特许经营服务的目的是为公园的特许经营服务提供总体管理指南，为国家公园管理局审核总体管理计划规定的具体的特许经营服务行动并根据需要进行调整提供契机。

（二）和新的特许经营合同的关系

新的合同将在国家公园管理局指导下执行本规划的要求，同时国家公园管理局保留未来根据新合同来修订本规划的权利。

（三）确定范围的过程

确定规划范围的目的是确定公众和机构的关注点，明确主要的环境和其他问题，排除无关紧要的问题，获取公众的建议来帮助确定文件的范围和需要解决的潜在影响，体现了“开放对话台平”。

（四）方案比较

提出了两种备选方案。方案 A 执行 1980 年总体管理计划中提出的特许经营行动（图 5-4），方案 B 对总体管理计划进行调整（图 5-5），主要为了提升游客体验、减少不必要的建设，体现了“坚持最小伤害”“适度人口”等，具体包括：

(1) 重新设计现有室内空间后，增加餐饮设施座椅数量，在优胜美地村中保留餐饮服务（而不是按照总体管理计划要求减少），并且重新设计出口，能让游客快速获取食物，不需带上餐饮设备一同旅行，有更多的时间享受公园；为缓解拥挤客流、更好地满足游客需求，增加室外座椅。

(2) 略微减少房间数量和房间类型。

(3) 瓦沃纳宾馆的房间数量维持在现有水平。

(4) 保留德根产业和特许经营仓库大楼。

(5) 取消总体管理计划中在柯里村建一个新杂货店的提案。

（五）环境影响和结果

环境影响分析范围包括特许经营主要运营的地区和被其直接影响的地区，即沿着主要道路的开发地区，体现了“遵循自然、尊重科学”；分析内容主要包括自然环境、文化资源和地方经济三个方面反映了人与自然兼顾的伦理信念和对“避免不可逆损害、坚持最小伤害”“适度人口、合理消费”道德规范的遵守。

环境影响的结果针对方案 A 和方案 B 分别列出，主要包括 6 个方面的内容——对游客使用特许经营设施和服务的影响、对自然环境的影响、对文化资源的影响、对地方经济的影响、不可避免或者不可修复的资源影响、累积效应。最后综合评定方案 B 为推荐方案。

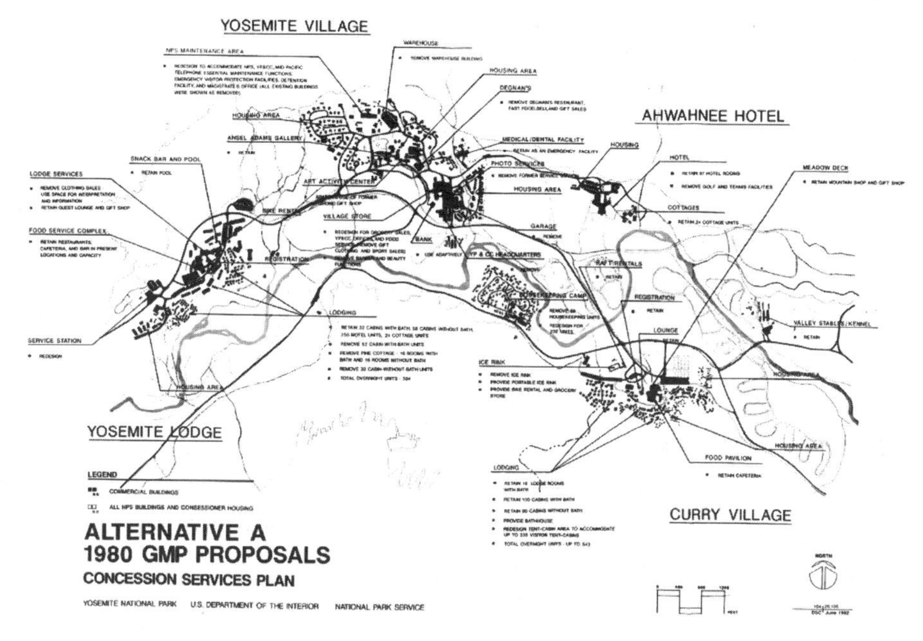

图 5-4 特许经营行动方案 A

(来源:《优胜美地国家公园特许经营服务计划和环境影响报告》)

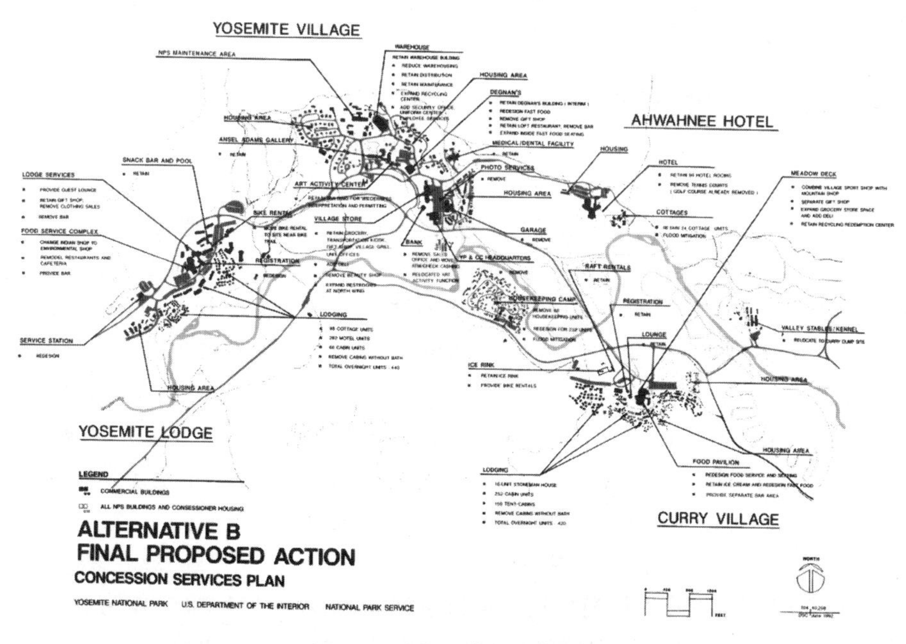

图 5-5 特许经营行动方案 B

(来源:《优胜美地国家公园特许经营服务计划和环境影响报告》)

（六）协商和协调

本规划环境影响报告的协商和协调范围包括各种政府机构、私人组织和个人。与本规划相关的公众关注的问题集中在以下6个方面：1980年GMP的目标和行动、游客量增加、住宿和餐饮服务、商业服务和游客活动、特许经营相关的游客交通、社会经济关注。

5.3 总体管理计划

5.3.1 规划的重要性

单元规划的核心文件从2016年才开始由总体管理计划变为基础文件，因此目前公园的许多正在施行的规划都是遵循总体管理计划进行编制的，而基础文件也承袭了总体管理计划的部分核心内容。总体管理计划是在非人类中心环境伦理观影响下，单元规划从面向物质设施建设转为以多学科为支撑面向资源管理的转型时期的产物，从20世纪70年代开始一直发挥着重要的统筹指导作用，在未来一段时间内也将继续发挥作用，因此有必要对总体管理计划进行解读。

5.3.2 规划的形成

总体管理计划多样的形式传递了"遵循自然、尊重科学"的态度。它根据每个公园不同的自然和文化资源禀赋，因地制宜形成了各具特色、针对性强的形式。比如优胜美地国家公园《优胜美地国家公园总体管理计划》(Yosemite National Park General Management Plan)编制于上世纪20世纪70年代末，包括三个规划文件，分别基于自然、文化和社会经济视角——《自然资源管理计划》(Natural Resources Management Plan，1978年8月)、《文化资源管理计划》(Cultural Resources Management Plan，1980年1月)和《游客使用、公园运营和发展计划》(Visitor Use，Park Operations and Development Plan，1980年9月)。颁布于1995年的《大峡谷国家公园总体管理计划》(Grand Canyon National Park General Management Plan)则只有一个规划文件。

近年完成的总体管理计划更加注重科学性，将把环境影响报告作为规划的一部分，有些还加入了其他规划或者专项研究内容，比如2014年编制完成的《金门国家游憩地总体管理计划/环境影响报告》(Golden Gate National Recreation Area Final General Management Plan/Environmental Impact Statement)，2015年编制完成的《海峡群岛国家公园总体管理计划/荒野研究/环境影响报告》(Channel Islands National Park Final General Management Plan / Wilderness Study / Environmental Impact Statement),2012年编制完成的《红杉和国王峡谷国家公园总体管理计划和综合河流管理计划/环境影响报告》(Sequoia and Kings Canyon National Park Final General Management Plan and Comprehensive River Management Plan / Environmental Impact Statement)(图5-6)。

5.3.3 规划的法律和规范依据

总体管理计划根据各项法律法规制定,这些法律政策文件体现对环境伦理四项道德规范的遵守。按照1966年的《国家历史保存法案》(the National Historic Preservation Act)和1969年的《国家环境政策法案》(the National Environmental Policy Act)要求,总体管理计划必须基于大量的信息和分析,而且必须考虑各种合理的替代方案,体现出"遵循自然、尊重科学"尽可能提供多种选择";《国家环境政策法案》还要求总体管理计划编制环境影响报告,并在整个规划决策过程中安排公众参与环节,反映出"避免不可逆损害、坚持最小伤害""适度人口、合理消费""尽可能提供多种选择、开放对话平台";1978年颁布的《国家公园和游憩法案》(National Parks and Recreation Act)对总体管理计划的内容提出了更为具体的法定要求。

综合法律法规要求,国家公园管理局《2004年公园规划项目标准》中提出总体管理计划的主要作用、内容和程序等,《2009年总体管理规划动态资料手册》(附录D)则针对总体管理计划的编制路径、方法、工具等提供了建议,并根据各种编制条件的变化不断增加新的内容。

5.3.4 规划的主要内容

总体管理计划中的各个备选方案除了"规划和管理的基础"一致外,其余5个要素根据管理理念不同而各异。比如金门国家游憩地的4个替代方案拥有不同的管理理念——维持现状、人们和公园联系起来(推荐方案)、保存和享受沿海生态系统、关注国宝(national treasure)(图5-7),由此决定了不同的管理区划、管理对策、边界调整和实施成本,并依此分别做出了环境影响评价。

2016年以后的总体管理计划中的"规划和管理的基础"要素成为单元核心规划基础文件的组成部分,而基于多方案的其他5个要素则作为单元其他规划的内容。

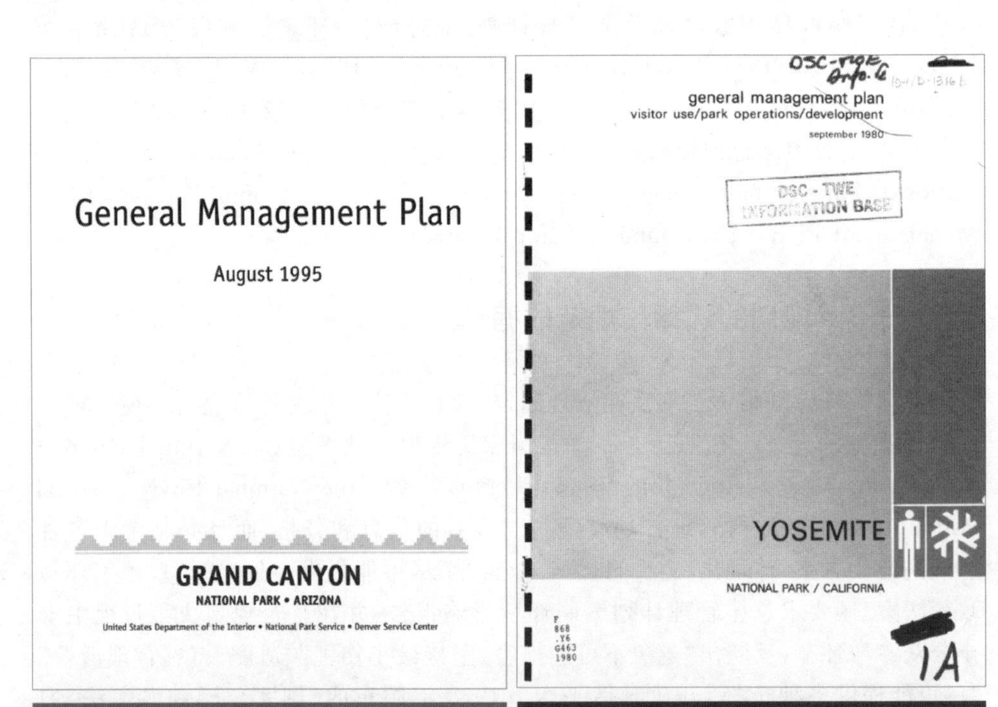

图 5-6 不同国家公园不同形式的总体管理计划

（来源：美国国家公园管理局）

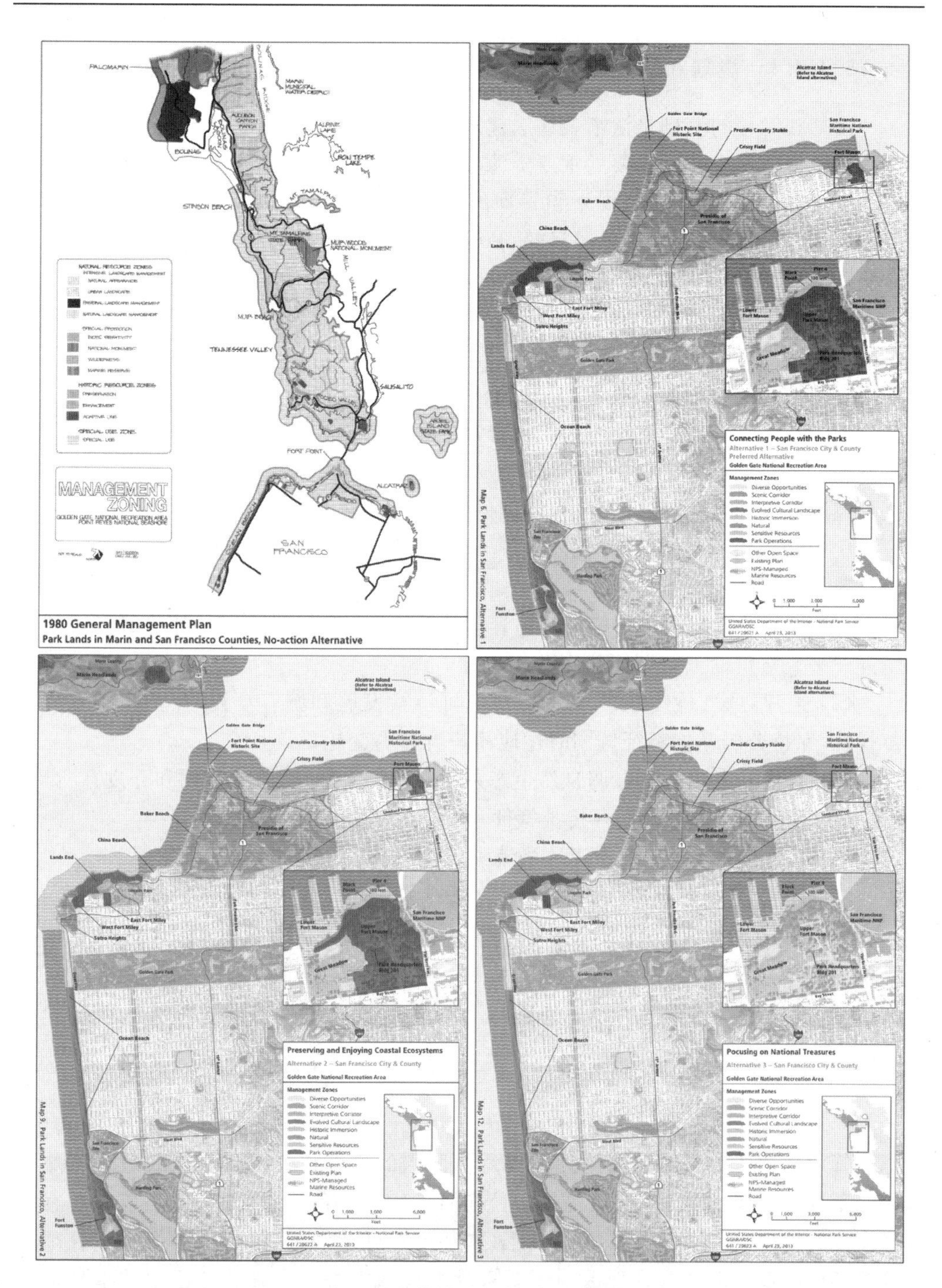

图 5-7　金门国家游憩地 4 个替代方案管理区划

(来源:《金门国家游憩地总体管理计划/环境影响报告》)

5.3.4.1 规划和管理的基础

规划和管理的基础是清晰表述法律和政策规定的公园基本管理职责，包括对实现建园目的和维持其重要的重要资源和价值的确定和综合分析，或者其他对于规划和管理重要的内容。“规划和管理的基础”是目前单元规划《基础文件》中的核心要素，具体内容类似于建园目的、基础资源和价值（参见上文对《基础文件》的介绍）。

5.3.4.2 管理理念

管理理念是一种愿景表述，通过简洁、有感召的语言界定公园应该成为场地的类型。总体管理计划必须考虑各种合理的替代方案，每一种替代方案都代表了不同的管理理念，体现了对于自然保护和人类利用的不同关注程度，最终方案往往是兼顾人类和自然、保证可持续发展的方案。

比如红杉和国王峡谷国家公园（Sequoia and Kings Canyon National Park）的5个替代方案的愿景分别是：

(1) 无行动方案——持续现有的管理政策，通过搬迁、减少某些用途或者限制新开发来应对负面的资源影响和游客需求；

(2) 推荐方案（替代方案B）——适应可持续发展和游客欢愉，保护生态系统多样性，保持公园基本特征的同时适应用户群体的变化；

(3) 替代方案A——强调自然生态系统和生物多样性，减少使用和开发；

(4) 替代方案C——保存传统特征和昔日的感觉，引导发展；

(5) 替代方案D——保存基本特点并适应变化的用户群体，引导发展。

这5个替代方案分别代表了不同的规划主张，有侧重自然资源保护的理念，也有倾向于满足人类各种使用需求的观点；有保存现状的建议，也有恢复昔日风采的想法。最终的推荐方案兼顾自然保护和人类使用需求，提倡可持续发展，反映了自然和人类是有机整体的自然观和人与自然和谐可持续发展的伦理信念。

5.3.4.3 管理区划

管理区划体现了对环境伦理四项道德原则的遵循。公园中不同的地理区域应用不同的管理方式，各区域提供与公园目的相协调的、多样的资源环境和游客使用方式，反映了“遵循自然、尊重科学”“避免不可逆损害、坚持最小伤害”“合理消费”“提供多种选择”；管理区划还要求反映公园中每一个独特地区中的卓越资源和价值，并且考虑与邻近区域和公园边界外地区资源和体验的联系。在区域重叠的情况下，比如自然资源和考古资源都重要的地区，管理决策必须兼顾两种资源,体现出整体性系统性思维,遵从了“遵循自然、尊重科学”。

比如优胜美地国家公园的管理分区分为自然区域和文化区域两大类,其中自然区域包括荒野分区、环境保护分区、杰出自然特征分区和自然环境分区,文化区域包括历史分区、考古分区、开发分区和特殊用途分区。分区的方法和管控要求是对遵守环境伦理道规范的明证(表 5-14,图 5-8)。

表 5-14 优胜美地国家公园的管理区划

区　域	分　区	组成和要求
自然区域	荒野分区	包括行政建议和提名加入行政建议的所有荒野土地。自然系统和过程将自行其道,人为干扰将降至最低。游客数量控制在基本不影响自然环境的水平
	环境保护分区	这个分区的土地用于科学研究,而且任何管理行动不得干预
	杰出自然特征分区	荒野分区以外的、拥有非常重要自然特征的地区。管理行动将最大程度的保护该地区不受人类活动影响
	自然环境分区	该区准许道路、野餐区和步道起点,但是开发要最小化
文化区域	历史分区	这个分区包含建筑上和历史上重要的文化资源。管理重点在于不会对自然资源和过程造成不可接受的改变的前提下,保存这些文化资源
	考古分区	这个分区是考古区,并会覆盖其他区域。管理重点在于考古资源的保存
	开发分区	这个分区包括游客使用和公园运营开发,最低程度占用空间
	特殊用途分区	水库分区,由旧金山水务部门依照《瑞克法案》管理

(来源:作者译自《优胜美地国家公园总体管理计划》)

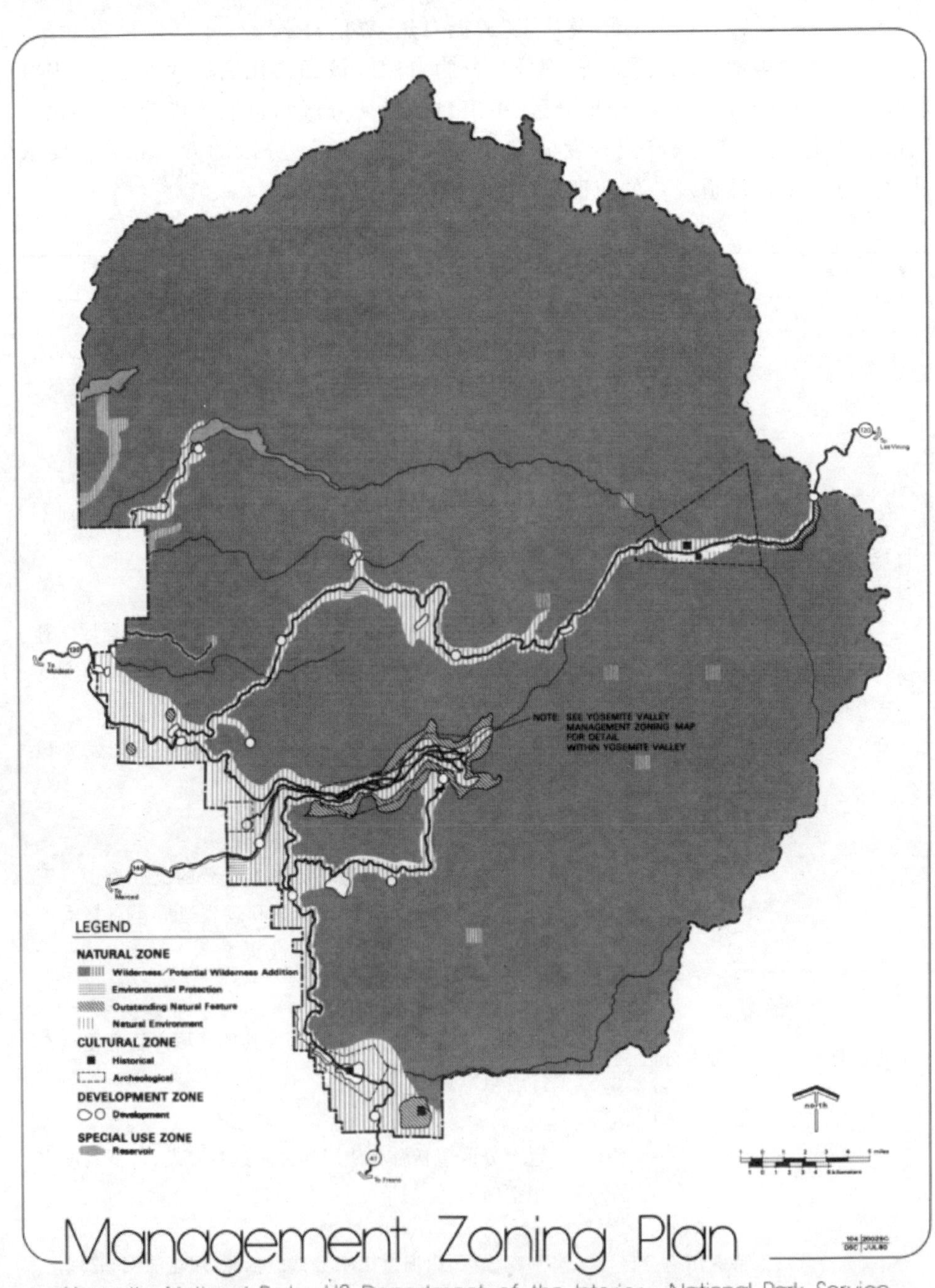

图 5-8 优胜美地国家公园的管理区划

（来源：《优胜美地国家公园总体管理计划》）

5.3.4.4 具体地区的管理对策

除了管理区划中针对每个区域的管控要求,具体地区的管理对策也坚守了环境伦理理念和道德规范。管理对策要求必须处理好自然和文化资源、资源和游客体验、公园和所在区域的关系,表达了人与自然是有机整体的自然观;清楚、详细的表述资源环境和体验,让所有利益相关者都能理解,包括公园职员和公众,遵守了“开放对话平台”的规范;最大程度反应来自专家的信息和最好管理实践的最新知识,反映了“尊重科学”;至少考虑 15—20 年规划期限,有些资源可能要求更长远的眼光,体现了人类承担维护自然演进的伦理责任,人与自然和谐可持续发展的伦理信念。

以优胜美地国家公园管理区划中的开发分区为例。开发分区包括三个开发地区,优胜美地谷地区、瓦沃纳地区和马瑟地区。其中优胜美地谷地区又包括优胜美地村(Yosemite Village)、卡斯卡迪和阿奇岩石(Cascades and Arch Rock)、EI入口(EI Portal)三个区域,每个区域均会提出功能定位、布局设计以及针对游客使用和公园运营的目标和行动,下面以优胜美地村为例。

一、优胜美地村功能定位和布局设计

优胜美地村已建立形成多年,本次规划以改造优化为主,让功能和布局更适应现代需求,同时更好地展现自然景观。功能定位和布局设计要点包括以下六点:

(1) 乡村中心重新设计以分离解说服务和商务游客服务。

(2) 乡村中山谷的交通系统站点的设计将在视觉上明确引导到站的游客前往优胜美地瀑布和解说服务设施。德根产业将被迁移以确保两个地区之间在视觉上有所区别。

(3) 乡村的西区将提供以下功能:山谷行政机构、优胜美地人类博物馆、自然历史博物馆和贝斯特的工作室。

(4) 减少商业零售空间,迁移一些构筑物,例如德根面包店、汽车修理店、加油站等;调整一些构筑物,例如将银行建筑和礼品店改为游客服务设施和山谷行政机构。商业功能将保持在现在的水平或者减少,杂货销售、餐饮服务、有限的邮政服务、重要的银行业务和一些优胜美地公园和柯里公司办公室将被安置在已有的建筑里。

(5) 乡村商店背后的大部分停车位将被移除。

(6) 紧邻乡村中心东西两侧的住宅将被移除。

二、优胜美地村的规划目标和规划行动

优胜美地村区域分为 6 个功能区——优胜美地村庄地区、优胜美地住宿区、柯里村、阿瓦尼酒店、野营地、其他山谷地区，规划针对这 6 个功能区分别提出了目标和行动。

以优胜美地村庄地区为例，规划目标和行动体现了“避免不可逆损害、坚持最小伤害”“适度人口、合理消费”“提供多种选择”。规划目标主要是淘汰不合时宜、超出需求或者不重要的人员、设施和活动，减少人工构筑物和人类活动的影响，规划行动主要包括保留、重新设计、调整用途、搬移或移除（表 5-15，图 5-9）。

表 5-15　优胜美地村的规划目标和规划行动

规划目标	规划行动
游客使用	
·解说自然和文化环境。 ·提供最小限度的食物、邮政和银行服务。 ·重新设计游客设施，使之与自然环境融合。 ·逐步淘汰与资源享用无直接关系或超出游客需求的设施和活动	·保留贝斯特工作室。 ·重新设计村庄商业中心地区，包括解说空间、行人地区、摆渡车车站和公共卫生间，移除停车空间。 ·新设计乡村商店，以符合杂货销售、优胜美地公园和柯里公司办公室和食品服务的需求。 ·重新设计游客中心内部。 ·调整国家公园管理局总部建筑、老博物馆、邮局和银行建筑的用途，用于自然历史博物馆、优胜美地人类博物馆、山区地区办公室、最小限度的银行业务、私人服务和邮政服务。 ·调整波宏诺礼品店的用途。 ·立刻移除村庄商店的不需要的停车位，最多保留 50 个停车位用于对外服务和员工需求。 ·移除德根产业，包括餐馆、快餐服务、熟食店和礼品销售。 ·移除加油站。 ·移除汽车租赁和修理店

续表

规划目标	规划行动
公园运营	
·从山谷中移除不重要的功能和设施。 ·保留地区运营必需的功能和设施:山谷设施的维护、国家公园管理局马厩、紧急医疗救护和必要的员工住宅。 ·合并国家公园管理局和优胜美地公园和柯里公司的重要职能。 ·移除不必要的住宅	·保留医院/牙科建筑作为紧急医疗中心。 ·保留国家公园管理局马厩。 ·保留上泰科亚居住区(34所住宅)和国家公园管理局住宅北半区(44所住宅)给国家公园管理局、优胜美地公园和柯里公司的固定雇员。 ·重新设计国家公园管理局维修区,以适应国家公园管理局、优胜美地公园和柯里公司以及太平洋电话公司的重要维修功能,以及紧急游客保护设施、拘留所和治安管理办公室。 ·将学校建筑转化为居住用途。 ·移除特许经营总部建筑。 ·将国家公园管理局和优胜美地公园和柯里公司的总部搬至EI入口处。 ·将优胜美地研究所行政办公室搬移至山谷以外。 ·将优胜美地自然历史协会办公室搬移至山谷以外。 ·将不必要的国家公园管理局、优胜美地公园和柯里公司员工,以及学校、太平洋电话公司、富国银行、优胜美地研究所、邮局和优胜美地教堂的雇员住宿区搬移至山谷外。 ·移除大型维修和仓储设施。 ·移除下泰科亚居住区、阿瓦尼·罗住宅和6号营地;如无需要,移除国家公园管理局住宅区南部的房屋。 ·移除设施,让教堂盆地地区恢复自然状态。 ·提供社区休闲娱乐需求

(来源:作者译自《优胜美地国家公园总体管理计划》)

5.3.4.5 未来边界调整

未来边界调整充分考虑自然的动态性,为未来预留弹性,体现出“遵循自然、尊重科学”。它要求明确调整的合理性。边界调整必须满足以下三个条件之一,并提出满足边界调整条件的地区或资源:保护重要资源和价值,或者提升与建园目的相关的公众欢愉机会;解决运作和管理事宜;保护实现公园目的至关重要的公园资源(图5-10)。

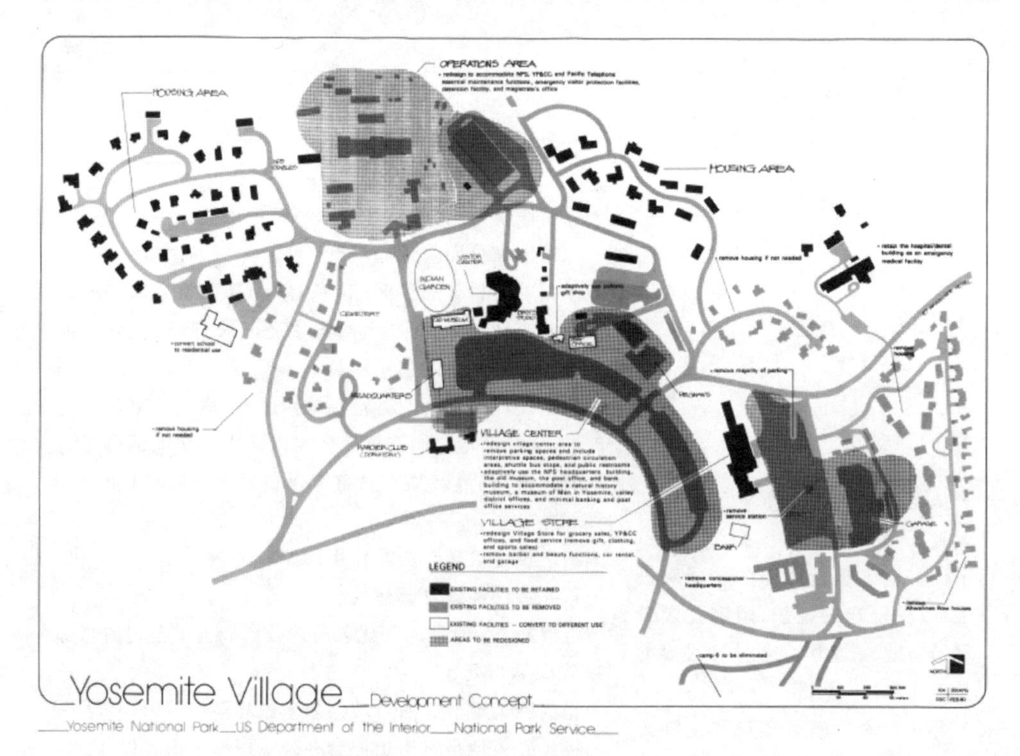

图 5-9　优胜美地村开发概念规划

（来源：《优胜美地国家公园总体管理计划》）

5.3.4.6　实施成本预测

实施成本预测是指对于常规年度费用、初始一次性费用和实施周期中的费用的预测。常规年度费用包括年度运营费用、员工费用等，初始一次性费用包括设施费用等，实施周期中的费用包括历史保护费用、自然资源修复费用等。

5.3.5　环境影响报告

根据《国家环境政策法案》，总体管理计划必须编制环境影响报告。环境影响报告针对总体管理计划中所有的替代方案分析环境影响结果，综合采用定性和定量的方式，明确各个方案对于环境产生的影响，科学选择最优方案，体现了“遵循自然、尊重科学”“避免不可逆损害、坚持最小伤害”“适度人口、合理消费”。

所需分析的影响主题来源于规划过程中确定的重要价值或者问题，适用的法律或者行政令（例如《1973 年濒危物种修正法案》、《国家历史保存法案》、行政令 11988“洪泛区管理”等），以及国家公园管理局相关政策和资源管理指南（例如《2006 年管理政策》）。

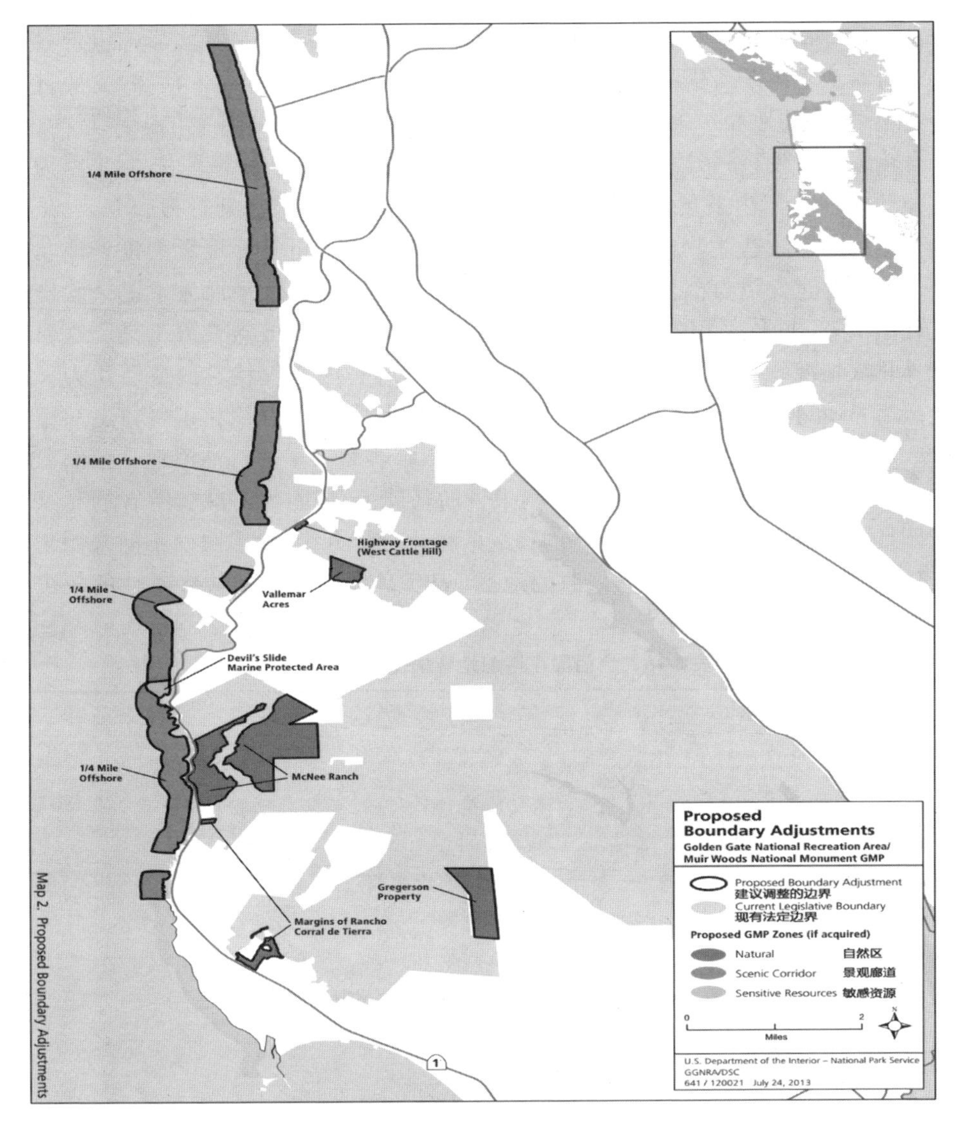

图 5-10　金门国家游憩地边界调整建议

（来源：《金门国家游憩地总体管理计划/环境影响报告》）

因此，各个公园分析的环境影响主题各有差别，但也有共性主题，共性主题包括自然资源、文化资源和游客体验。比如金门国家游憩地提出的环境影响主题包括 6 大类——自然资源、文化资源、游客使用和体验、社会和经济环境、交通以及公园管理、运营和设施。而红杉和国王峡谷国家公园的环境影响主题包括 9 大类——自然资源、荒野风景河、郊野和荒野、文化资源、交通、游客体验、土地利用（私人土地和特别适用许可）、公园运营、社会经济环境。

环境影响报告针对各个环境影响主题中的要素进行评价，采用定性和定量的

方式(表 5-16)。以金门国家游憩地为例,首先列出需要在完成环境影响报告后进一步分析或者不予考虑的要素和原因,比如对栖息地(植被和野生动物)需要进一步分析,因为陆地和水生生境是自然环境的重要组成部分,本规划的一些行为(例如休闲设施开发)将影响自然生境价值;对特殊植物物种则不予考虑,一是因为这些生物未在公园内发现,二是因为它们的生境基本不会被规划行为影响,三是因为规划行为对这些生物的影响微乎其微。然后逐个分析本环境影响报告涉及的环境影响要素。以自然资源中的碳足迹为例。国家公园管理局为了记录碳排放工作绩效,2006 年使用公园气候指引(climate leadership in parks)工具清查温室气体排放情况。公园气候指引工具能将排放的各种温室气体排放量转化为二氧化碳当量(单位:吨),为气体的来源物等比较提供了基础,并简化了气体追踪程序(图 5-11~图 5-13)。从分析的数据可以看出,游客私家车的汽油消耗是公园温室气体排放的主要来源。在此环境影响报告的基础上,公园针对减少游客的私家车入园推行了一系列举措。2008 年的排放清单进行了升级,除了明确不同来源物的气体排放情况,还确定了气体来源的地区(表 5-17),为更具地域针对性的较少碳排放提供了数据支撑。

表 5-16 金门国家游憩地环境影响主题和要素

主 题	要 素
自然资源	物理资源—— 空气质量 碳足迹 土壤与地质资源和过程 古生物资源 海岸线过程 海平面上升、洪水和海岸脆弱性 海洋资源 生物资源—— 栖息地(植被和野生动物) 陆地生物和淡水 特殊野生动物物种 马林县(物种) 三藩县(物种) 圣马特奥县(物种) 特殊植物物种

续表

主　题	要　素
文化资源	国家历史名录上登记或有资格登记的文化资源 考古资源 民族志资源 公园馆藏
游客使用和体验	休闲娱乐机会和国家公园体验的多样性 恶魔岛的游客(体验)机会 游客使用(类别)和特征 游客的理解、教育和解说 安全畅达的公园内外入口 游客安全
社会和经济环境	人口和社区趋势 公园对社区的经济影响
交通	区域交通背景 公园交通网络
公园管理、运营和设施	职员 伙伴和其他团体 公园设施 资产管理

(来源:作者译自《金门国家游憩地总体管理计划/环境影响报告》)

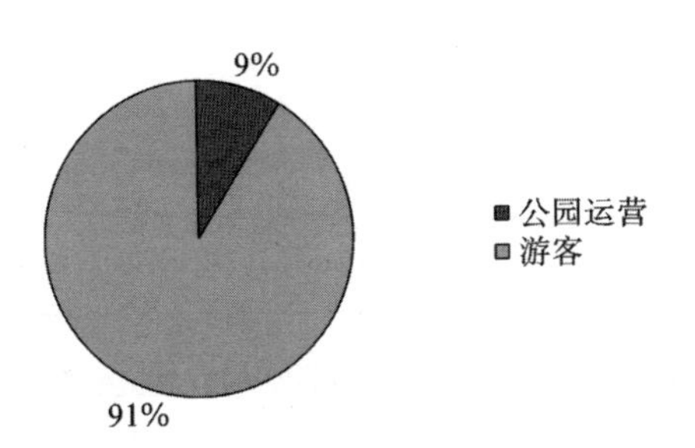

图 5-11　2006 年金门国家游憩地温室气体总排放情况

(来源:《金门国家游憩地总体管理计划/环境影响报告》)

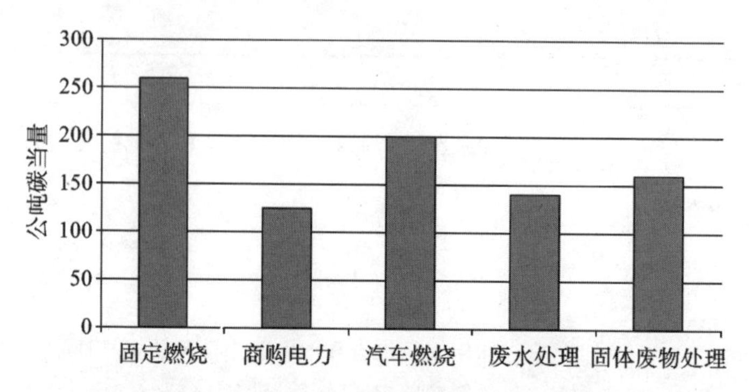

图 5-12　2006 年金门国家游憩地温室气体分类排放情况(除去游客)

(来源:《金门国家游憩地总体管理计划/环境影响报告》)

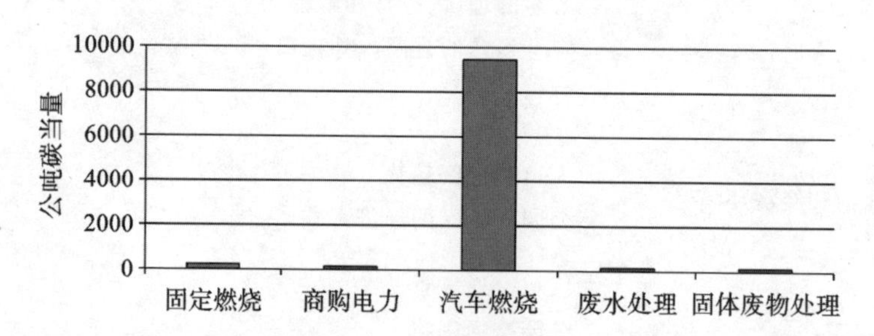

图 5-13　2006 年金门国家游憩地温室气体分类排放情况(包含游客)

(来源:《金门国家游憩地总体管理计划/环境影响报告》)

表 5-17　金门国家游憩地温室气体总排放数据

	马林县	旧金山县	圣马特奥县	恶魔岛	缪尔森林
固定燃烧	523	148	—	632	5
商购电力	385	382	—	0	17
汽车燃烧	1047	1419	—	1167	2873
废水处理	263	0	—	31	1
固体废物	332	472	—	0	50
总排放	2551	2422	—	1830	4946

(来源:作者译自《金门国家游憩地总体管理计划/环境影响报告》)

6

他山攻玉：基于环境伦理的中国国家公园规划体系构建路径初探

本章是运用维度的路径构建研究。通过分析中国国家公园体制建设的背景、存在的问题和环境伦理思考,结合中美比较研究实现美国经验的中国本土化,提出中国国家公园的环境伦理观,以及国家公园规划体系的构建思路和框架。

6.1 中国国家公园规划体系的建设背景

6.1.1 国家公园体制建设的时代背景

6.1.1.1 生态文明建设深入开展

为应对资源约束趋紧、环境污染严重、生态系统退化的严峻形势,实现中华民族永续发展,2012 年 11 月中共十八大从新的历史起点出发,做出大力推进生态文明建设的战略决策。生态文明建设要求树立尊重自然、顺应自然、保护自然的生态文明理念,把生态文明建设放在突出地位,融入经济建设、政治建设、文化建设、社会建设各方面和全过程。2013 年中共十八届三中全会提出的重点改革任务中包括建立国家公园体制,明确国家公园体制是我国生态文明制度建设的重要内容。近几年,随着生态文明建设的逐步深入,国家公园已经成为生态文明建设的重要抓手。

6.1.1.2 自然保护地改革逐步推进

1956 年,中国在广东鼎湖山建立了第一个自然保护区。60 余年来,中国在自然保护地建设领域的成绩有目共睹,基本建成了以自然保护区为主体,包括风景名胜区、森林公园、地质公园等 10 多种保护地在内的类型多样、功能齐全的自然保护地体系,陆域保护地面积占陆地国土面积的 18%以上,为保护重要自然生态系统发挥了重要作用。但是现有的自然保护地体系问题重重,交叉设置、多头管理,缺乏顶层设计和整体规划,管理成本高、效率低,生态保护和经济发展协同性低等等(黄宝荣等,2018;王昌海,2018)。

2013 年十八届三中全会提出建立国家公园体制,力图通过以国家公园为龙头推动自然保护地体系的改革(苏扬苏杨等,2016)。2015 年国家发展和改革委员会联合 13 部门印发了《建立国家公园体制试点方案》,全面开启了国家公园体制试点工作;2017 年 9 月 19 日中共中央办公厅、国务院办公厅印发的《建立国家公园体制总体方案》,初步完成了中国国家公园体制的顶层设计。

2019年1月23日中央全面深化改革委员会第六次会议审议通过了《关于建立以国家公园为主体的自然保护地体系指导意见》要求形成以国家公园为主体、自然保护区为基础、各类自然公园为补充的自然保护地管理体系,明确了中国自然保护地新的体系框架,自然保护地改革迈上了新的台阶。自然保护地体系的主体从自然保护地转变为国家公园,标志着中国自然资源的保护从单一消极的模式升级为保护和利用相结合的积极方式(刘李琨,2019)。

6.1.2 自然保护地规划体系现状

构建规划体系是我国自然保护建设和管理的重要举措之一。风景名胜区是我国最早构建规划体系的自然保护地,包括省域/区域体系规划、总体规划、详细规划和景点(游线)设计4个层次(唐小平,2018)。1999年住建部颁布了《GB50298—1999风景名胜区规划规范》,对规划编制的原则、内容、方法等提出了明确规定。2006年国务院颁布的《风景名胜区条例》规定风景名胜区规划分为总体规划和详细规划,并且对总体规划和详细规划的原则、内容、编制组织、审查审批、规划实施监测等提出了明确要求。

自然保护区规划始于20世纪80年代的森林综合调查设计。1998年国家林业局出台了《关于加强自然保护区建设管理有关问题的通知》,国家主管部门第一次明确了自然保护区应该编制总体规划。2006年,国家林业局印发了《全国林业自然保护区发展规划(2006—2030年)》,初步形成发展规划、总体规划、项目可行性研究、实施方案相结合的规划体系。

其他各类自然保护地也由国家主管部门或者地方政府颁布了相关规划技术导则和规范。

6.1.3 国家公园规划的国家政策要求

目前我国国家公园建设处于试点阶段,尚无国家层面的系统规划或规划技术规范和标准。《建立国家公园总体方案》(以下简称《总体方案》)是对国家公园体制的顶层设计,对与规划密切相关的上位要求进行了明确,对规划提出了原则性指导要求。

6.1.3.1 规划建设要求

“严格规划建设管控,除不损害生态系统的原住民生产生活设施改造和自然观光、科研、教育、旅游外,禁止其他开发建设活动。国家公园区域内不符合保护和规划要求的各类设施、工矿企业等逐步搬离，建立已设矿业权逐步退出机制。”

对新建和已有建设提出了管控要求，前提都是不损害生态系统；特别提出了允许原住民生产生活设施改造，反映出将原住民的活动也视为大生态系统的一部分，体现了人与自然和谐共生“天人合一”的思想。

6.1.3.2 规划编制要求

“编制国家公园总体规划及专项规划，合理确定国家公园空间布局，明确发展目标和任务，做好与相关规划的衔接。按照自然资源特征和管理目标，合理划定功能分区，实行差别化保护管理。”

明确了每个国家公园的规划分为总体规划和专项规划两个层级；功能分区、差别管理的方式反映了遵从自然资源特征、精细化科学化管理的规划思路。

6.1.3.3 法律法规要求

“制定国家公园总体规划、功能分区、基础设施建设、社区协调、生态保护补偿、访客管理等相关标准规范和自然资源调查评估、巡护管理、生物多样性监测等技术规程。”

体现出对规划法律法规和技术规范的重视，并将其视作国家公园体制建设工作科学、顺利推进的实施保障。

6.1.4 国家公园建设和规划编制的实践进展

6.1.4.1 试点建设进展

2015 年起，11 个国家公园体制试点工作陆续开展，涉及北京市、吉林省、黑龙江省、浙江省、福建省、湖北省、湖南省、四川省、青海省、甘肃省、海南省、云南省等 13 个省市和 11 个试点区。由于各个国家公园体制试点方案获批时间不同、改革基础不同，目前不同试点区的建设进展相差较大。三江源和神农架试点区改革进展较好，三江源基本完成了试点方案中的试点任务，神农架大部分任务按照计划有序推进，机构改革、制度建设、规划编制方面取得了较大进展；普达措试点区的改革进展慢于预期，武夷山、钱江源、南山试点区进展滞后于原定计划，长城、东北虎豹、大熊猫、祁连山试点区改革难度大、建设进展较慢，需要在未来几年逐步完成相关试点工作(黄宝荣等，2018)。而海南热带雨林试点于 2019 年 1 月设立。

6.1.4.2 规划编制进展

目前,11 个国家公园试点区的规划工作各自推进,主要开展了总体规划、专项规划和相关标准、法规的编制工作。截至 2018 年 7 月,《三江源国家公园总体规划》已获国务院同意,经国家发展改革委印发,《三江源国家公园条例(试行)》已颁布施行;《神农架国家公园总体规划》已获湖北省人民政府批准实施,《神农架国家公园保护条例 》已颁布实施;《钱江源国家公园体制试点区总体规划(2016—2025)》已编制完成并获得浙江省人民政府同意;《武夷山国家公园条例(试行)》已经颁布施行。其他试点区的规划编制和立法保障工作处于不同的编制和报批阶段。

就已完成的三个试点区的国家公园总体规划来看,规划内容上除了常规的基于空间发展的规划和管理要求,还包括体制改革、管理体系建设等,体现了体制试点阶段的特殊关注点。三个总体规划的内容也不尽相同。钱江源试点的总体规划和神农架试点类似(图 6-1),包括功能区划、保护规划、科研监测规划、教育规划、旅游规划、社区规划、管理规划等内容;三江源试点总体规划主要包括功能定位和管理目标、体制机制创新、生态系统保护、国家公园建设配套支撑体系等内容,而生态保护、环境教育、产业发展、社区发展和管理等内容作为总体规划指导下的专项规划,互为依托同步开展;同时三江源试点总体规划还包含了环境影响评价和效益预估的内容。

神农架国家公园
总体规划
SHENNONGJIA NATIONAL PARK
MASTER PLAN
(2016-2025年)
神农架国家公园管理局
湖北大学
二〇一七年六月

图 6-1 神农架国家公园及其总体规划

(来源:作者调研)

6.2 中国国家公园规划体系存在的问题分析及环境伦理思考

6.2.1 现状主要问题分析

目前中国国家公园规划体系中存在的问题，有些是原有自然保护地体制遗留的顽疾，但大部分是新体制建设初期难以避免的阶段性问题。

6.2.1.1 顶层设计尚不明确

《总体方案》初步完成了中国国家公园的顶层设计，但是具体的法制、规划、管理、监督、运营等各个领域的顶层设计并不明确。

就国家公园规划而言，规划和国家社会经济规划、地区层面的各种规划、其他行业规划的关系不明确，规划依据的法律法规缺位或者现有的法律法规已不符合时代要求，规划的编制组织、内容设定、审批程序未界定……顶层关系未捋顺，容易模糊国家公园规划在国家公园甚至自然保护地体系建设中的定位，影响其科学制定规划目标和规划举措，也对顺利推进下一步的国家公园和自然保护地的管理和建设工作造成隐患。

6.2.1.2 规划结构有待完善

《总体方案》提出“研究提出国家公园空间布局，明确国家公园建设数量、规模。”这是针对全国范围内的国家公园提出的要求。但是目前来看，我国国家公园规划体系尚无国家层面的系统规划，仅对单个公园提出了编制总体规划和专项规划的要求。缺乏系统层面的规划，因此难以对所有的国家公园进行统筹布局、整体把控，也不利于各个公园统一规划思想和举措以及贯彻落实国家整体自然资源保护战略。

6.2.1.3 规划内容有待优化

目前，国家对于各个公园的规划内容没有制定统一的标准，使得各个公园的规划内容具有很大的灵活性，可以根据自身特点增减内容、制定研究重点，但也产生了诸多弊端。

1. 刚性与弹性管控要求缺乏

这些规划没有对刚性要点和弹性要点进行规定，使得规划需要重视的刚性要求不明确甚至缺乏，可能导致重要自然资源遭到破坏；而本该属于弹性要求的要点可能控制得过于具体，不利于后期实施甚至违背自然规律。

比如自然资源保护是国家公园的核心职责，保护对象的确定和管控要求是总体规划的重点内容，应作为刚性要求提出。但是《神农架国家公园总体规划》中未明确列出保护对象，在不同的章节中表述不一，甚至有缺漏。《神农架国家公园保护条例》中规定神农架国家公园自然资源保护对象为地质地貌奇观、北亚热带原始森林、常绿落叶阔叶混交林生态系统、泥炭藓湿地生态系统、北亚热带古老孑遗、以金丝猴和冷杉、珙桐为代表的珍稀濒危特有物种及其关键栖息地等核心资源。在《神农架国家公园总体规划》的规划目标中提出，以神农架川金丝猴、亚高山泥炭藓湿地生态系统及北亚热带山地垂直植被带谱的完整保护为核心，构建山、水、林、地一体化自然资源网格化管护格局；而在区划方法中提出重点保护对象是生物多样性与物种基因库的保护、森林生态系统与北亚热带山地垂直植被带谱的保护、亚高山泥炭藓湿地生态系统的保护、旗舰物种神农架川金丝猴及其他珍稀动植物的保护、地质遗迹资源保护。

再如总体规划中建设类型的专项规划宜作为弹性控制的内容，提出原则性要求，建设和布局在总体规划以下的专项规划或实施规划根据实际环境落实。但是《神农架国家公园总体规划》的旅游发展专项中提出新建生态厕所 11 座、购物点 4 个，在总体规划阶段就对设施指标板上钉钉，不利于后期实施根据具体环境进行增减。

2. 保护和利用举措科学性有待提升

自然资源的保护和利用是国家公园建设的核心任务，也是国家公园规划的重点内容，所有的保护和利用举措必须建立在严谨的科学论证基础上，以保证自然资源不受损害。虽然目前的规划采取了功能分区、人口限制等手段，但是仍存在科学严谨性欠佳的问题。

比如《神农架国家公园总体规划》的旅游发展专项中提出，为了舒缓热门景点压力或者增加生态体验而新开辟游憩产品，例如规划杉树坪—徐家庄林场—老君山 30 km 登山步道、新建大九湖国际自行车慢道游 17 km 等。这些建设是否会对环境产生严重影响，或者是否会造成新的超负荷景点。在没有进一步研究论证的情况下提出这些建设，难免缺乏科学性和严谨性。

3. 科技支撑水平有待提升

目前我国国家公园规划对于科学研究非常重视，但是科技支撑网络的建立、基础数据库的建立、最新技术的研发和共享等尚有待时日，还不能充分发挥规划的技术支撑作用。

比如《三江源国家公园总体规划》包含了环境影响评价内容，就国家公园建设对于环境可能造成的有利和不利影响进行了评析，并提出了预防对策。但这些只

是粗略的定性评价，缺乏定量分析，难以科学、全面地掌握规划行为对于环境造成的正负影响，不利于规划决策和下一步针对性措施的施展。

6.2.1.4 规划保障欠完善

1. 法律和规范有待制定

国家层面的国家公园立法和技术标准制定尚在进行，而现有的相关立法（比如《中华人民共和国自然保护区条例》《风景名胜区条例》等）缺乏整体协调性；各地国家公园的条例和标准也在陆续编制中，难以为规划提供规划指导和实施保障。

2. 管理制度和人员有待到位

目前各个国家公园的规划的相关工作由所在地的政府和国家公园管理局负责，中央政府的国家公园管理局没有主持规划工作的部门，也没有成立专门的机构进行统一的规划指导，不利于形成整体意识强、前瞻性强、科学规范的规划体系。而且各地国家公园管理机构的人才队伍和管理制度建设尚在进行中，也不利于规划的实施执行。

3. 规划程序有待规范

国家公园规划鼓励公众参与、环境影响评价等程序，但是目前执行情况并不理想。比如国家公园条例中也规定了公众参与程序，但是许多国家公园试点在规划编制的过程中并未向社会公众开放参与渠道，也未参见相关公众意见及答复情况。而环境影响评价的程序也不尽规范，神农架国家公园的总体规划在获批以后才开始着手环境影响评价工作，不利于自然资源保护，影响规划和决策的科学性。

6.2.2 存在问题的环境伦理思考

不同的理论导向产生不同的实践结果。要解决现实中的问题，需要挖掘深层次原因、端正指导思想，才能科学的去除顽疾、预防潜在危机。从环境伦理的视角思考国家公园规划体系的问题，有利于从思想源头上发现问题，科学、深刻地认识人与自然的关系，从而正本清源、沿着正确的路径科学高效的改正问题、防范风险。

6.2.2.1 顶层设计植根环境伦理思想

国家公园是一套为保护自然资源而设立的制度体系，因此不从根本上认识国家公园内涵中人与自然的关系、理解环境伦理的本质，“国家公园”体制建设难以获得成功；而中国目前正在进行国家公园体制的实践中并没有清晰的环境伦理思想体系的指引（冯艳滨等，2017）。如此“生态保护第一”“人与自然和谐共生”的国家公园理想容易造成浮于纸面、流于形式,难以贯彻执行,甚至让实际工作难以摆脱人类中心的思维模式,导致国家公园体制建设偏离正轨。

以规划编制为例。从三江源和神农架的总体规划中可以看到,目前国家公园规划的指导思想主要是响应国家号召、落实各级政府要求等。而对于国家政策的理解,不同的认知水平和经历经验会得出不同的答案。由于缺乏对于国家公园所反映的人与自然伦理关系的深刻认识,目前在国家公园规划的指导思想中虽然提出"生态保护第一",但是在具体的规划制定过程中过于强调保护自然资源对"人"(包括国家、民族、地区)的重要意义,难免影响规划的导向,不利于科学保护和利用自然资源。

因此在当下国家公园规划顶层设计的构建中,应植根环境伦理思想,让环境伦理理念渗透到规划法规、规划编制、规划行政体系的方方面面,从源头上树立科学的自然观,正确认识人与自然、人与人的伦理关系,从而保障国家公园规划工作的科学高效开展。

6.2.2.2 全面提升自然认知

自然具有整体性、系统性和动态性等特征,在进行规划结构设计和规划内容制定时应对自然的属性有充分的认知,才能保证构建科学的规划结构、拟定精准的规划内容。目前系统层面规划的缺位,将导致难以对国家整体生态格局进行统一谋划,容易造成生态保护漏误,影响自然资源完整性和系统性,应加快推进相关工作;而规划内容中出现的刚性弹性要求缺乏等问题,缘于没有充分认识自然的动态属性。

同时,自然具有工具价值和内在价值,只有全面认识了自然的价值,才能在规划中妥善处理自然资源保护和利用的关系。对自然内在价值的"保护",与工具价值的"利用",不是对立关系。国家公园不是将自然与人类隔离起来,而是通过发挥自然非消耗性的工具价值,让人类走进自然、了解自然,体悟人与自然的联系,激发人对自然的热爱,从而自觉将保护自然的思想融入工作和生活行动中。

6.2.2.3 着力增强伦理责任感

人与自然是有机整体,人类对于自然、对于当代后世承担着伦理责任。然而目前规划人员接受的专业技术教育和培训中普遍缺乏环境伦理教育,伦理责任感不强。保护和利用规划举措科学性欠佳、规划程序不规范等问题,一定程度反应了规划人员缺乏环境伦理责任感,没有充分认识到人与自然相互联系、相互作用的关系,没有意识到规划行为失当对自然产生的危害,最终会伤害人类自身、影响后代可持续发展。

增强专业人员的伦理责任感,有利于规划者严格的履行维持自然可持续发展的责任、保障同代人和后代人公正享有自然资源的义务，保证规划行为不会对自然产生不可逆损害，保证规划兼顾当代人的多元需求和后代人可持续发展的需要。

6.2.2.4 制定普及道德规范

树立环境伦理观，对自然充分了解和认知、拥有伦理责任感，是在思想意识上具备了实现人与自然和谐共生的可能性。真正在规划中贯彻落实，还需要制定具体的道德规范，让规划行为有章可依、有据可循。上文分析总结规划中呈现的种种问题，除了环境伦理思想意识缺位的主观原因，也有道德规范缺乏的客观缘由。

制定并普及环境伦理道德规范，有利于在规划编制中落实环境伦理思想，也有利于形成规范、统一的行为标准，减少人为理解偏差对规划工作造成的不利影响。

6.3 美国经验的中国本土化

6.3.1 美国经验评析和借鉴

6.3.1.1 环境伦理引领国家公园规划发展导向

纵观历史，美国不同时期的环境伦理思想反映了人们对于人与自然关系的不同认知，在哲学思想层面主导着国家公园的规划走向，从而形成了国家公园体系不同的发展方向和实践结果。

20 世纪初至 60 年代，在功利的人类中心主义环境伦理思想主导下，国家公园规划只关注人类利益、完全忽视自然保护的要求，国家公园的规划建设对于公园的自然环境造成了严重的影响，一些物种消失，生态系统遭到破坏。20 世纪 60—90 年代，基于科学和生态的非人类中心伦理思想对于国家公园规划产生了方向性的影响，推进了国家公园中自然资源的科学化、生态化管理，生态问题在一定程度上得到缓解。20 世纪 90 年代至今，在多元融合的环境伦理观指导下国家公园规划开始系统考虑人和自然、当代和后世的和谐共存和可持续发展，美国国家公园成为全球自然资源保护和利用的典范。

中国的国家公园体制建设还处于试点阶段，美国走过的路、总结的经验和教训对中国国家公园规划体系的构建有重要的参考意义。美国国家公园早期忽略自然资源的规划发展历程是生动的警示，而 20 世纪 90 年代后对于人和自然关系的认知以及由此形成的规划体系,成就了在自然资源的保护和利用中找到平衡点的美国模式,具有重大的启示和借鉴作用。

中国在国家公园规划编制之初,应深刻解读国家公园的内涵、准确认知人与自然的关系,形成具有中国特色的国家公园环境伦理观,保证国家公园规划沿着正确的路径开展,得到科学的实践效果。同时,中国应该重视因为国情不同而产生的种种差别,在学习现代美国国家公园规划体系模式的时候,因地制宜作出调整。还应该认识到,美国国家公园规划体系发展至今经历了一百多年的历程,具有良好的基础,现有的规划体系中有些形制并不适合初创阶段的中国,而其发展过程中的一些经验可以作为当下的应用参考。

6.3.1.2 环境伦理渗透于国家公园规划过程

从对现代美国国家公园规划体系的剖析中可以看到,环境伦理渗透到从规划理念到规划举措的规划编制全过程。规划理念中树立环境伦理思想,是规划编制工作科学推进的前提;而在规划目标的确立、规划举措的制定中明确遵循环境伦理信念和道德规范,实现科学保护和利用自然资源、人类公正享有自然资源的实施保障。

中国国家公园应该形成具有自身特色、完整的环境伦理自然观、伦理信念和道德规范体系,从理论上指引国家公园规划方向,在实践中指导规划编制实现国家公园目标。

6.3.1.3 环境伦理内嵌于国家公园规划保障

无论是回溯历史还是观照现实,不难发现美国的环境伦理内嵌于支撑规划的各种保障举措中。规划需要遵循的《荒野法案》《国家环境政策法案》等法规、机构制度的制定、专业人员的教育培训、公众参与和环境影响评价等规划程序,都内嵌了环境伦理的思想和规范,由此形成了有力支撑以环境伦理为主导的规划体系的保障系统,促进了环境伦理在规划实践中的落实。

在中国的国家公园规划体系中,除了在规划体系中渗透环境伦理,还应在注重配套的保障举措中内嵌环境伦理主张,否则单凭规划文件“孤军独战”,难以有效推进、顺利实施规划建设。

6.3.2 中美环境伦理的比照

6.3.2.1 环境伦理的起源和哲学基础

一、美国:质疑“天人两分”的有机论

美国环境伦理思想产生于19世纪末,这是一个工业跃进带来生态急剧恶化

的年代。美国环境伦理思想源起于对机械论自然观和主客二分论形而上学思维的质疑和反思，以有机论自然观为哲学基础。

17世纪以后，随着自然科学的发展，认为人与自然是二元对立的机械论自然观日渐成熟。从“现代科学之父”伽利略(Galileo Galilei，1564—1642)开始，自然便作为一个无色无声无嗅无味的寂静冷漠的世界。机械论把自然作为人类认识、征服 和利用的对象。在机械论自然观影响下，笛卡尔(René Descartes，1596—1650)提出了主客二分论的哲学思想。他认为世界被严格地分为物质和心灵两部分，两者各自独立、互不影响，主体(人)与客体(人以外的世界)二元分离。18世纪到19世纪下半叶，机械论自然观和“天人两分”的二元论盛行一时。

19世纪下半叶，科技发展带来的生态危机让西方社会开始反思人类对待自然的态度，人们发现将人与自然割裂的机械论和二元论难辞其咎。于是，在西方哲学中一直绵延不绝，但是从未发扬光大的有机论自然观逐渐迈入历史的舞台。有机论将自然视作生命体，把人类当作自然的一部分，把自然万物看成有机关联体。在此基础上，19世纪末至20世纪初美国的资源保护运动孕育了环境伦理思想。资源保护运动的目的是保护原始的自然资源(例如原始森林、荒野等)，从保护动机上可以分为为了人类更大更长远利益的人类中心主义，和认同自然内在价值的非人类中心主义，是后来环境伦理两大学派的雏形。

二、中国:“天人合一”源远流长

“天人之际”即人与自然的关系是贯穿中国哲学和中华文化的主要问题，“天人合一”是中国古代环境伦理思想的哲学基础和理论基点(王正平，2014)。儒家、道家等都以自己的思维方式推崇“天人合一”的思想，儒家提倡整体、和谐、适度、节用等理念(王丽娜，2016)，道家主张道法自然、少私寡欲、知足知止、万物一体(郭亚如等，2018)。

“天人合一”中的“天”不是西方宗教里的上帝和东方文化里的佛祖，而不仅仅是有形有味的宇宙万物，它还包含形而下物质层面的自然和形而上超越物质层面的天道，即自然之道。人来自于天，有源于天的自然性；而人之所以为人，更因为其明于道的文化性——文化让人超越自然性，有意识地去了解天道，主动地遵循天道，人是自然和文化的辩证统一。天人本为一体，但天人不一是实然；因此“天人合一”是追求天人一体，去除天人隔阂的应然追求(杨英姿，2016)。

传统“天人合一”的思想体现的是一种和谐的宇宙观，包括人与自然、人与社会、人与自身等诸多方面(黄键跃，2013)。总体来看，“天人合一”至少包括两个层面的意思，一是人源于自然，与万物共同组成自然；二是人与万物是有机整体，相互制约、相互促进。

“天人合一”的中国古代环境伦理思想形成于农耕文明的大背景,贯穿于农作生活实践中。人类靠天吃饭,对大自然保持着敬畏和顺从,即便是改造自然,比如大禹治水,也是根据水性水势进行疏导,顺应天道、遵从自然规律。而从先秦到明清时期诸多破坏自然生态的严重后果,正是历代王朝虽然鼓吹但并未真正用“天人合一”指导社会实践付出的惨痛代价(黄键跃,2013)。

6.3.2.2 环境伦理的理论和实践发展

一、美国:理论与实践协同发展,日渐成熟

在美国,环境伦理与环境保护运动以及各种环境保护实践相伴相随、互相促进、协同发展。

环境伦理思想在 19 世纪末 20 世纪初的美国资源保护运动中孕育,并且人类中心论和非人类中心论的主张在原始森林和荒野保护中持续发力,美国因此建立了大批国家公园和野生动物保护区。20 世纪 60 年代,美国掀起了新一轮的环境保护运动,主题从资源保护转移到环境污染,环境伦理走向公众视野。20 世纪 70 年代环境伦理学科在美国正式成立,各种学说呈百花齐放、百家争鸣的态势,推进了各种环境立法的出台,促进了空气、水体、土地等自然资源的科学化、生态化管理。20 世纪 90 年代,世界环境运动兴起,美国进入以人和自然共存为价值基础的新时代,强调社会发展包含自然、经济、文化、政治等各领域的全面协调发展,强调发展中的道德伦理规范,环境伦理在社会生产和生活等诸多方面得到广泛体现。

二、中国:理论研究起步,实践应用欠缺

中国环境伦理思想由来已久,但是近代中国的社会发展建设似乎并没有传承古代的“天人合一”的哲学智慧。土壤、水体、空气污染,野生动植物濒危频现、生物多样性被破坏,草原沙漠化、森林面积减少,虽然人类的物质生活水平得到了飞速提升,但是生活和工作的环境质量堪忧,精神安全感严重缺乏。2012 年中共十八大从新的历史起点出发,提出大力推进生态文明建设,尊重自然、顺应自然、保护自然,实现中华民族永续发展,这是让“天人合一”的智慧重新焕发光芒的重大举措。但是中国的环境伦理研究仍处于发展初期,难以发挥生态效益和社会效益。

中国的环境伦理研究始于 20 世纪 80 年代,中国学者在充分吸收西方环境伦理学的思想理论基础上,结合中国古代传统环境伦理思想,初步形成了自己的系统理论,构建了四大主要学派——人类中心主义学派、非人类中心主义学派、生命共同体中心论学派、超越与整合学派,为我国环境保护事业提供了重要的理论支撑和思想基础(陈俊,2015)。但总体而言,我国的环境伦理研究仍处于探索阶段,

尚未形成系统、完整的环境伦理思想体系，而且对于环境伦理的实践路径研究较少，在实践中的应用则更少，难以真正在生态文明建设中发挥指导实践的作用。

6.3.3 中美国家公园规划建设基础比较

6.3.3.1 社会发展水平

美国从上世纪20世纪80年代开始进入后工业化时期，近年来开启了“再工业化”，是全球经济的领跑者，国内生产总值长期居世界首位。美国也是科技强国，而且科学技术的实际应用能力居世界领先地位(樊春良，2018)。美国还是教育强国，人均文化程度较高，伦理教育在学校和行业中得到广泛重视，走在世界前列(王正平，2013；郭飞，2013)。

中国近年来已步入工业化后期，是世界第二大经济体，但是属于经济大国却不是经济强国，处于经济结构调整、转型升级阶段(黄群慧，2017)。中国的科技创新在某些领域走在世界前列，但是整体科技发展水平不高，对经济和社会的支撑能力不足(庄穆，2015)。中国教育总体水平位居世界中上行列，伦理教育近年来得到了社会越来越多的关注，但是普及广度有限，实践程度不高(杨斌等，2017)

美国强大的经济基础，高质的科技支撑和应用水平，较好的人口文化素养和伦理意识，为秉持环境伦理观念、科学推进国家公园规划建设奠定了良好的社会基础。而中国目前的国家公园建设缺乏环境伦理的社会土壤，规划建设的科学性、生态性也将受到经济和科技发展水平的制约。

6.3.3.2 自然资源禀赋

美国国土面积约937万平方公里，人口约3.30亿，疆域辽阔、自然资源充裕，其迅猛的工业化进程很大程度上取决于19世纪土地扩张所获取的自然资源，经济快速增长的一个重要因素也是拥有非常丰富的自然资源(欧阳峣，2017)，由此美国自然资源的丰裕程度可见一斑。

中国国土面积约963万平方公里，人口约14亿，自古有“地大物博”的美名，自然资源种类多、数量丰富。但是中国人口基数大，因此人均资源少，普遍低于世界人均水平，土地、森林、草原、水资源等人均占有量只有世界人均的二分之一到五分之一。

中美国土面积相差无几，都是土地广阔、自然资源丰富的大国，但是中国人口是美国的4倍多。许多国家公园体制试点内生活着大量农牧民、林业职工甚至城市居民，比如神农架国家公园试点区内的人口密度高达每平方公里68.4人，三江源试点的人口密度虽然低,但是人口总数也超过了6万人(杨锐,2019)。中国国家公园规划建设在实现全民共享、平衡保护和利用关系等方面,将面临更大的困难和挑战。

6.3.3.3 国家公园使命

美国国家公园建设兴起于19世纪末工业文明的背景下,初衷是为了公众娱乐而保留自然保存地。150多年的发展,国家公园已经成为代表美国最优秀自然和文化资源,让美国人民公益共享,坚持世代传承的国家资产。

中国国家公园体制建设产生于本世纪21世纪初的生态文明时代,是保障中国国土生态安全的重大举措,肩负着生态文明建设的时代使命(杨锐,2017)。中国国家公园建设是为了推动自然保护地体系改革以形成自然生态系统保护的新体制,目的是保护自然生态系统的原真性和完整性,推进自然资源科学保护合理利用,促进人与自然的和谐共生。

美国国家公园管理局前局长乔纳森·贾维斯(Jonathan B. Jarvis)认为,中国在国家公园建立之初就意识到国家公园要把保护而不是旅游放在首位,这是美国花了50年才认识到的问题。中国赋予国家公园的使命,将让规划建设中权衡多方利弊的天平更多的偏向自然资源保护。

6.3.3.4 建设动力机制

美国国家公园的建设属于自下而上模式。一个国家公园的建立,往往牵涉到多个社会群体,建立周期长。建立之前,往往是“有识之士”向国会提出建立国家公园的设想和要求,通过发动公众和公益团体、与利益相关者反复博弈等程序,推动立法授权建立国家公园(高科,2015)。

中国国家公园建设的动力机制特征是自上而下强力推进(杨锐,2019)。从2013年至今,国家紧锣密鼓的推出了种种明确国家公园体制建设的政策文件,并开展了涉及不同省市的11个国家公园体制试点实践,决策层级之高、推进力度之大在世界国家公园发展历史上也属罕见。

美国国家公园自下而上的模式让公众在国家公园成立之前就有一定认知、各利益相关者基本达成共识,有利于国家公园规划建设工作的顺利开展,弊端是推动建立一个国家公园以及完成各类事宜的周期较长。中国国家公园自上而下的模式有利于快速推进国家公园规划编制工作,弊端是处于“下位”的地方政府、基层管理者、广大公众等对国家公园没有充分、正确的认识,不利于规划工作的开展,甚至产生抵触情绪。

6.3.4 中国国家公园的环境伦理要旨

综合考虑中美在环境伦理、国家公园建设基础上的异同，借鉴美国经验、结合中国问题，提出中国国家公园的环境伦理自然观、伦理信念和道德规范。

6.3.4.1 自然观

中国国家公园环境伦理自然观以“自然为本”为本质内涵，同时提倡人与自然和谐共生，主张国家公园内适宜数量的当地居民是自然的一部分。

“自然为本”不是否认人类的利益需求，而是强调以自然为中心，人类尊重自然价值、遵循自然规律。国家公园中的“自然为本”主要体现在两个方面，一是自然的自身价值是国家公园立身之根本，二是国家公园中人类行为以遵循自然规律、保护自然自身价值为根本出发点和落脚点。与美国国家公园的定位不同，中国国家公园属于全国主体功能区规划中的禁止开发区域、实行最严格的保护，首要功能是重要自然生态系统的原真性、完整性保护，因此中国国家公园中自然的自身价值具有价值优先性，自身价值保护优先于工具价值利用。另一方面，中国国家公园还兼具科研、教育、游憩等综合功能，所以人类在国家公园中存在“利用”自然的行为。但是这些“利用”行为基本属于非消耗资源型，其行为的出发点是不损害自然的自身价值。而行为目的除了人类自身的发展完善，更是为了帮助人类更好的了解自然、认识自然规律，与自然产生身体接触、情感共鸣，从而更好的尊重自然、保护自然。“利用”自然的工具价值是为了“保护”自然的自身价值，人类进行“保护”和“利用”活动的起点和终点都是“自然”。

同时，中国国家公园环境伦理自然观认为人与自然是和谐共生的关系。中国国家公园体制的主要目标包括保障国家生态安全、实现人与自然和谐共生。自然生态系统是人类生命、生产、生活的基础和根本保障，只有人与自然和谐共生，才能稳固人类生存和发展的基础，保证自然和人类可持续发展。国家公园保护具有国家代表性的大面积自然生态系统，担负维护国家生态安全、人民生存和发展保障的重要职责，国家公园中人与自然的关系是体现“和谐共生”的典范。

关于国家公园中的原住民，中国国家公园环境伦理自然观认为适宜数量的当地居民是自然的一部分。中国“天人合一”环境伦理思想渊源流长，生活在广袤天地里的人们与自然构成了生命共同体，和睦相处、永续发展，孕育了独一无二的生态文化。1994 年颁布的《中华人民共和国自然保护区条例》中提出，“自然保护区核心区内原有居民确有必要迁出的，由自然保护区所在地的地方人民政府予以妥善安置”。可见，即便是自然保护区中最为严格控制、基本上禁止任何单位和个人进入的核心区，对于原居民也没有采取必须全部搬离的政策。而中国国家公园相较于自然保护区更鼓励科学合理利用自然资源,国家公园体制的主要目标之一就是实现人与自然的和谐共生。《总体方案》提出"重点保护区域内居民要逐步实施生态移民搬迁""其他区域内居民根据实际情况,实施生态移民搬迁或实施相对集中居住"。笔者认为国家公园对于当地居民理应拥有更为"宽容"的态度。在中国"天人合一"思想背景下,"共生"反映为国家公园中的当地居民与自然万物共同生活、彼此依赖,原住民已成为自然生态系统的一部分,全部迁移反而会破坏生态系统平衡。因此国家公园中允许与当地生态系统紧密联系、数量适宜的居民存在,这个观念在有些国家公园试点(比如三江源试点区)中已得到了体现。

因此,中国国家公园的环境伦理自然观应总结为自然为本,自然的自身价值保护优先于工具价值利用;人与自然和谐共生,适宜数量的当地居民是自然的一部分。

6.3.4.2 伦理信念

自然的自身价值保护优先于工具价值利用,中国国家公园中人类的首要职责是保证自然生态系统原真性和完整性。中国的家公园以自然为本,优先保障自然的自身价值、坚持生态保护第一,建立国家公园的目的就是保护自然生态系统的原真性、完整性,实现国家公园的目的是人类的首要任务。

中国国家公园中人类承担维护人与自然和谐共生的责任。国家公园推进自然资源永续利用、人类社会可持续发展,是中国建设生态文明的抓手,既是体现人与自然和谐共生的典范,也是促进全社会人与自然和谐共生的动力。人类作为唯一的道德主体,承担了维护国家公园中人与自然和谐共生的责任。

中国国家公园保障人类代际、代内公正分配自然资源。中国国家公园坚持国家所有、全民共享,支持国家主导、共同参与,体现了全民代内公正共享自然资源的信念;坚持世代传承、给子孙后代留下珍贵的自然遗产,表达了为后世公正享有自然资源的关照。

综上所述,中国国家公园的伦理信念可以总结为,人类的首要职责是保证自然生态系统的原真性和完整性;人类具有维护与自然和谐可持续发展的职责;人类代际代内公正分配自然资源。

6.3.4.3 道德规范

中国国家公园的自然观和伦理信念与美国有共性,都承认自然的多重价值、认为人类与自然应维持和谐发展状态、人类应公正分配自然资源,主要区别在于,一是中国国家公园认为自然自身的价值重于工具价值,自然资源保护优先于利用。二是允许公园内有人类进行生态生产和生活,将公园内适宜数量的当地居民视为自然的一部分。

综上所述，中国的环境伦理道德规范可参照美国国家公园“遵循自然、尊重科学，避免不可逆损害、坚持最小伤害，适度人口、合理消费，提供多种选择、开放对话平台”，但是包含了不同的内涵解读。

遵循自然，尊重科学。为履行“保证自然生态系统原真性和完整性”的首要职责，人类遵循自然规律、维护自然属性、保护自然自身价值。同时因为适宜数量的当地居民是自然的一部分，因此当地居民的生产生活设施和文化习惯，在不对自然生态产生不可逆伤害的前提下，应该得到保留或适当改造。而对于自然和当地居民的了解和掌握，以及所有的行政行为，都必须建立在科学研究的基础上。

避免不可逆损害，坚持最小伤害。在实现国家公园科研、教育、游憩功能的时候，难免会开展必要的建设行为。为履行“维护人与自然和谐共生”，保证“代际公正分配自然资源”，国家公园禁止人类行为对自然造成不可逆的损害；在进行合理利用行为而不得不干扰生态系统和当地居民生产生活时，应通过设备和技术手段将对自然和当地居民的伤害降到最小。

适度人口，合理消费。中国国家公园履行“人类代际、代内公正分配自然资源”，既要让后代人公正分配资源财富，又要力求同代人公正共享自然资源。为了实现“代际公正”、让自然资源能够被世代传承，应该将国家公园中人口和人类行为限定在生态承载力范围内。而对于“代内公正”，由于中国国家公园“保护”第一而且中国人口基数大，因此不可能通过物理空间的分配来实现，即不可能通过全民到国家公园“科研、教育、游憩”来实现公正共享，相反对于游客开放区域的比例界定、人口配额的确定、人类活动的种类和程度限定，应该比美国制定更少的指标。同代人公正共享自然资源，应主要通过保护自然生态系统、发挥自然自身价值来实现，比如生命支撑价值、生态安全价值等。

提供多种选择，开放对话平台。中国国家公园履行“代内公正分配自然资源”，主张全民共享、共同参与。国家公园提供多种类型的使用机会，满足同代人的不同需求；同时对基层政府、企业、社会组织和公众开放对话平台，让多方利益诉求得到表达和回应，并且积极参与区域和全球环境保护事务。

6.3.5 基于环境伦理的中国国家公园规划体系的构建思路

中国在生态文明时代开展国家公园建设，应体现承担人与自然生命共同体、人类命运共同体的责任担当，让环境伦理回归规划管理和建设工作。

6.3.5.1 规划理念遵从自然观

国家公园规划应从思想上明确指导理念，树立环境伦理观念。“自然为本，自然的自身价值保护优先于工具价值利用”，要求规划者明确自然的自身价值是国

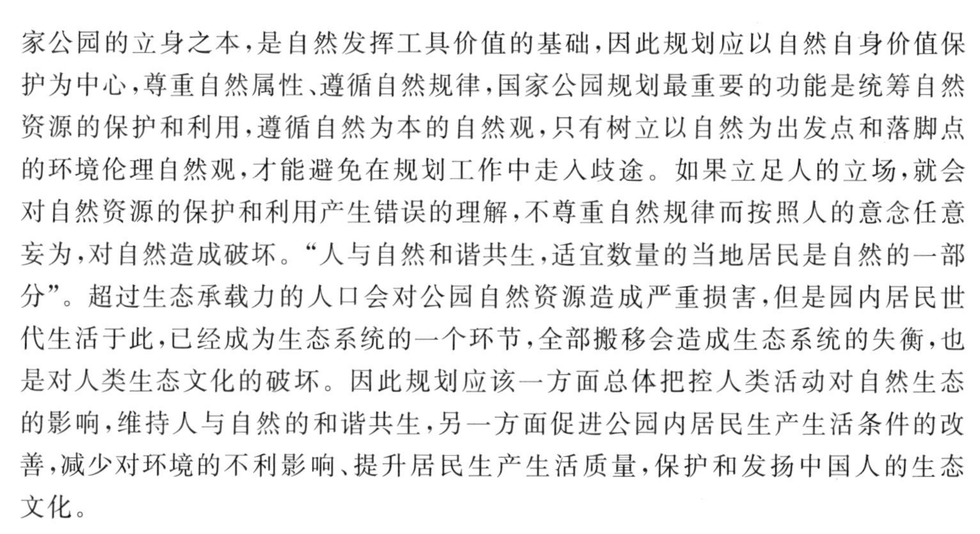

家公园的立身之本,是自然发挥工具价值的基础,因此规划应以自然自身价值保护为中心,尊重自然属性、遵循自然规律,国家公园规划最重要的功能是统筹自然资源的保护和利用,遵循自然为本的自然观,只有树立以自然为出发点和落脚点的环境伦理自然观,才能避免在规划工作中走入歧途。如果立足人的立场,就会对自然资源的保护和利用产生错误的理解,不尊重自然规律而按照人的意念任意妄为,对自然造成破坏。“人与自然和谐共生,适宜数量的当地居民是自然的一部分”。超过生态承载力的人口会对公园自然资源造成严重损害,但是园内居民世代生活于此,已经成为生态系统的一个环节,全部搬移会造成生态系统的失衡,也是对人类生态文化的破坏。因此规划应该一方面总体把控人类活动对自然生态的影响,维持人与自然的和谐共生,另一方面促进公园内居民生产生活条件的改善,减少对环境的不利影响、提升居民生产生活质量,保护和发扬中国人的生态文化。

综上所述,中国国家公园的规划理念应该是:以自然自身价值的保护为规划工作的中心,保护优先于利用;弘扬人和自然和谐共生的生态文化,在生态承载力范围内开展科研、教育、游憩等活动,提升园内居民生产生活水平。

6.3.5.2 规划目标体现伦理信念

伦理信念反映了国家公园中人类对于自然应该承担的职责,对于人类同代和当代人的义务。国家公园规划以实现这些责任和义务为目标。

“人类的首要职责是保证自然生态系统原真性和完整性”,因此生态系统的原真性、完整性保护是规划首要目标;“人类具有维护人与自然和谐共生的职责”,规划应指导自然资源管理和人类公共服务管理以达到和谐共生状态;“人类代际、代内公正分配自然资源”,规划应立足长远,平衡当代和后代子孙对自然资源的利用需求,同时兼顾当下,统筹多方利益保障公平共享自然资源。

6.3.5.3 规划举措遵守道德规范

对于遵守道德规范,国家公园的规划举措应该包括以下要点:

一是以科研为规划基础。自然资源的保护和利用是国家公园建设的核心任务,也是国家公园规划的重点内容。“遵循自然、尊重科学”,所有的保护和利用举措必须建立在严谨的科学论证基础上,以保证遵循自然规律,自然资源不受损害,合理利用。

二是规划结构的设计体现系统性和动态性特征。“遵循自然、尊重科学”,自然具有系统性特征,因此规划必须具有系统性,才能宏观统筹整个生态系统,中微观落实具体规划举措。自然具有动态性特征,因此,规划结构不宜复杂、层次不宜繁多,以免影响规划行为对自然环境的反应效率。

三是规划内容应具有刚性和弹性，体现精准科学的管控尺度，兼顾多方利益，提供开放的沟通渠道。“遵循自然、尊重科学”，规划的背景是动态的自然环境，规划的对象是动态的自然资源，因此规划的管控要求应刚性和弹性相结合。刚性要求确保自然资源的核心特性和价值不受损害；弹性要求提出原则性规定，根据具体环境做出决策。同时，为了实现“避免不可逆损害、坚持最小伤害”“适度人口、合理消费”，管控要求必须依托科学研究、精准定量。根据尽可能提供多种选择、开放对话平台，规划内容应该兼顾国家公园各个利益相关体的需求，听取、吸收来自各个领域的意见和建议。

四是规划的编制和实施应该得到来自法律法规、规范标准、制度和人员等方面的保障，各项保障都应遵循四项道德规范来制定，建立专业程度高、实施性强的保障体系。

6.4 基于环境伦理的中国国家公园规划体系框架

根据基于环境伦理的中国国家公园规划体系构建思路，结合美国典型案例经验，提出中国国家公园规划体系框架设想如下。

6.4.1 规划体系结构

中国尚处于国家公园试点阶段，由于规划编制、管理的经验缺乏，直接采用美国现行的扁平式规划结构容易造成规划与管理脱节。因此可以参考美国层进式结构进行简化，既能保证宏观政策逐步落实到实施细节，又不至于层级复杂影响规划对动态环境的反应效率。

中国国家公园可以建立“两个级别三个类型四个层次”的规划体系，两个级别指的是国家级别和公园单元级别，三个类型指的是战略型、控导型和实施型，四个层次指国家公园系统规划、国家公园总体规划、国家公园专项规划和国家公园年度计划(图 6-2)。

国家公园系统规划属于国家级别的战略型规划，立足中国全境生态系统和自然资源，综合统筹提出国家公园体系未来的发展框架，是各个国家公园规划的上位规划。

国家公园总体规划是公园单元级别的控导型规划，是对公园长期(15 年)的发展方向和重要问题提出控制性和导向性要求的综合性管理规划，是每个公园最高级别的规划和核心规划，并指导国家公园专项规划和年度计划的编制。控制性要求是强制性要求，原则上下位规划必须遵照执行；导向性要求是建议性要求，作为

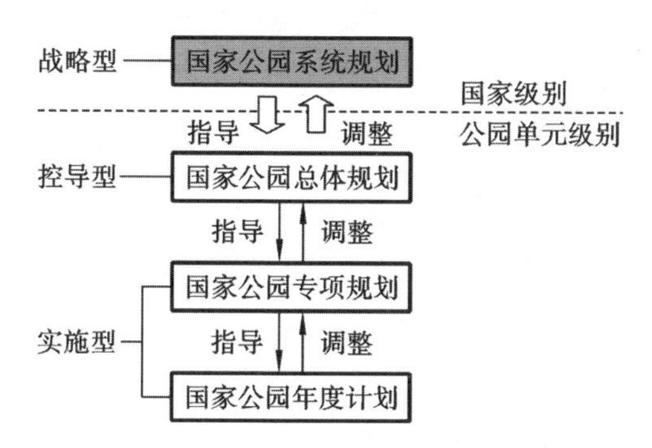

图 6-2 中国国家公园“两个级别三个类型四个层次”的规划体系

（来源:作者自绘）

下位规划的参考依据。

国家公园专项规划是公园单元级别的实施型规划,它根据总体规划的要求分专项在空间设计和管控措施上进一步深化控制性和导向性要求,制定近期(5 年)和中长期(10 年)发展计划。原则上,专项规划不能对总体规划的控制性内容进行修改,但可以对导向性要求进行合理的调整。专项规划指导年度计划的编制。

国家公园年度计划是公园单元级别的实施型规划,它详细列明本年度的规划管理工作,严格落实专项规划中的控制性要求,因地制宜落实导向性要求;它评估上一年度的年度计划完成情况并包含对公园自然资源、园内居民以及游客的监测报告,实时对公园的控导要求提出调整建议。

6.4.2 国家公园系统规划

6.4.2.1 规划重点

参考美国国家公园 1972 版和 2017 版系统规划,结合中国国家公园体制建设实情,目前,中国国家公园系统规划需要包含空间部署和战略指导两个方面的内容,既对中国陆地和海洋范围内有国家代表性的大面积自然生态系统进行严格判别、科学布局,也对整个国家公园体系提出综合性、战略性未来发展框架。

6.4.2.2 前期研究

编制国家公园系统规划之前应进行充分的专题研究。放眼全球,明确中国在全世界生态系统中的地位和作用;统领全境,梳理、分析中国国家公园自然生态系统的特征,提出纳入国家公园体系的标准等;比照其他国家的做法,充分吸收经验和教训。

6.4.2.3 规划要点

一、规划目标

规划目标包括：完整展现具有中国国家代表性的陆地和海洋自然生态系统，体现人与自然和谐共生、可持续发展的状态；统筹各类规划，确定中国国家公园自然生态保护的重点，未来发展的方向等。

二、空间布局

空间布局是指对中国自然资源进行分类，明确有国家代表性的自然资源类型，结合地理地貌提出国家公园空间布局，明确国家公园建设数量、规模。

三、发展战略

(1) 空间发展战略：明确中国国家公园体系的空间格局，提出中长期和近期建设目标和建设思路。

(2) 社会经济生态发展战略：对接国家社会经济发展规划、主体功能区规划、国土空间规划及自然资源保护相关规划，提出国家公园的社会、经济、生态发展目标、实施路径、实施保障，特别要针对园内居民、园区周边社区的社会、经济、生态效益提升提出指导策略。

(3) 合作发展战略：提出与国内外相关机构和组织的合作思路和形式，明确面向广大公众实行共建共享的参与政策。

6.4.3 国家公园单元规划

6.4.3.1 国家公园总体规划

一、规划重点

综合参考美国总体管理计划和基础文件的内容和形式，国家公园总体规划应该是对国家公园自然资源保护和利用工作提供长期的、综合性的指导，从广度上全面指导各专项工作，从程度上对不同重要性的规划要素提出分级管控要求。

二、前期工作

(1) 内业资料搜集。全面搜集国家公园及所在区域内的地形、地质、气象、水文、生物、人口、历史文化、经济、交通、公共服务设施、市政设施、土地利用、建筑工程等现状和历史基础资料。

(2) 外业现场调研。开展实地勘察、走访等工作，核实、补充、纠正内业资料信息。

(3) 广泛听取各个机构和部门、利益相关人、广大公众的意见,充分了解已有矛盾和要求,并预测未来冲突和需求。

三、规划要点

(一) 规划目标

一是明确国家公园的自然资源和文化资源的本质特征。这些本质特征是指实现国家公园在国家公园系统中的生态系统和文化资源定位,体现国家代表性的关键性特征。

二是提出平衡多方利益、统筹远期和近期发展的综合管理目标。综合管理目标的制定要兼顾国家公园中的自然和文化资源保护、不同类别游客的体验和园区居民的生产生活需求、周边社区的社会经济发展、为国家公园提供公共服务的机构或组织的诉求。

(二) 控制性要求

控制性要求包括公园基础价值、多方案比较和环境影响评价,是每个国家公园年总体规划必须包含的强制性要求。

1. 公园基础价值

公园基础价值是公园纳入国家公园体系所具有的自然资源和文化资源价值,是公园开展规划和管理工作的基础。总体规划要明确公园自然资源基础价值和人文资源基础价值的载体,包括有形实体和无形特征,包括外形、声音、气味、运动形态、关联故事等。

2. 多方案比较

围绕自然资源保护和利用,提出至少 3 种不同发展思路的公园总体发展方案,每个方案明确规划目标、管理区划和各个区划的管理措施等。

3. 环境影响评价

针对每个公园总体发展方案,采用定量为主、定性为辅的方式确定公园发展对环境带来的施工影响、累积影响和潜在影响。评价的主题至少包括自然资源、居民和访客体验、社会和经济环境,其他主题根据公园特点确定。

(三) 导向性要求

导向性要求包括对公园各类专项问题提出总体目标、规划原则和规划策略,具体空间部署和管理措施在下位的国家公园专项规划中深化完善。导向性要求根据各个国家公园的特征确定,但至少包括涉及国家公园主要的利益相关体[①]的内容,即自然和文化资源、居民和访客、周边社区、提供公共服务的机构。因此,导

---

① 中国国家公园是全体中国人民的,也是和世界共享的自然生态资源。研究中所指的“国家公园主要利益相关体”,是指在物质空间中与国家公园有紧密关联的个体和组织。

向性要求至少包括资源管理、居民和访客管理、解说计划、社区管理、特许经营服务管理5个方面的内容。

6.4.3.2 国家公园专项规划

一、规划重点

国家公园专项规划根据总体规划编制，按照总体规划中提出的总体原则和规划策略，进一步深化细化空间布局和管控措施，分别提出近期和中长期的实施方案，指导年度计划的编制。

国家公园专项规划至少包括资源管理、居民和访客管理、解说计划、社区管理、特许经营服务管理5个专项，其他类别根据公园特点和需求增加。

二、规划要点

(1) 中长期(10年)专项规划：明确规划周期内某专项领域的管理目标、建设任务、管理政策、分期实施安排等；对重点项目开展多方案比较和环境影响评价，最终方案中的建设选址、用地面积、建设规模、人口限制等作为控制性要求。

(2) 近期(5年)专项规划：根据中长期专项规划，进一步明确5年内的管理目标、重点项目和一般项目、管理政策、分期安排、工程预算、实施保障等；对一般项目开展多方案比较和环境影响评价，最终方案中的建设选址、用地面积、建设规模、人口限制等作为控制性要求。

6.4.3.3 国家公园年度计划

一、规划重点

国家公园年度计划在总体规划的指导下，根据国家公园专项规划编制，明确下一年度的建设任务、管理措施，总结本年度的计划完成情况。

二、规划要点

(一) 本年度总结

总结本年度的计划完成情况，评析各项任务完成的质量，对未完成的任务分析原因，制定下一步行动计划；特别要反馈监测管理中发现的问题，并提出对策建议。

(二) 下年度计划

制定下一年度的任务目标、任务清单、时间表等，并提出配套的人力、资金、制度保障等。

6.4.4 规划编制和实施保障

6.4.4.1 立法保障

国家公园立法是规划编制和实施的基础和保障。因此应加快理清现有相关法律法规,推进国家立法和地方立法的制定工作,为国家公园规划和建设提供强有力的法制保障。国家公园立法思想应体现出对国家公园环境伦理的深刻认知,以指导国家公园各项事务的科学开展。

在国家层面的立法中应明确规定国家公园规划体系的结构,规划的目标、原则、编制要求、修改要求、编制和审批、公众参与等。地方层面的立法应该在遵守国家法律的基础上,根据地方特点进一步明确规划的编制要求、实施保障等。

国家公园的法律法规还应明确与国家社会经济发展规划、自然资源保护相关规划、国土空间规划等规划的关系,以实现“多规合一”,统一规划、统一管理。

6.4.4.2 规范保障

国家公园技术规范是规划科学性、规范性的基础和保障。因此应推进国家公园技术规范的编制工作,为国家公园规划和建设提供科学的技术指导。技术规范遵守环境伦理道德规范,确保规划行为落实“自然为本”,实现人与自然和谐共生、可持续发展。

国家公园技术规范应由各地在遵守国家和地方法律法规的基础上编制,体现出刚性要求严格执行、弹性管控因地制宜的原则。技术规范应明确各个层级规划的编制目的、程序、内容要点、技术手段等,采用定性和定量结合的方式。

6.4.4.3 制度保障

管理制度是准确、科学实施规划方案的保障。国家公园的自然环境是动态变化的,而且涉及地理、生态、景观、工程等多个专业领域,对管理能力提出了很高的要求。因此应从国家到地方设立专门的规划和管理部门,制定专类标准制度规范管理工作,建立监测机制及时了解自然环境状态并对管理行为做出适时调整。

6.4.4.4 团队保障

规划和管理团队是准确、科学执行规划方案的保障。国家公园规划管理中应该注重多学科、跨学科人才的引进和培养,包括风景园林学、生态学、生物学、地理学、社会学、经济学、环境工程等领域的专业人才,还应积极加强和其他领域机构

和组织的合作。

在目前我国国家公园相关法律规范暂时缺位的情况下，环境伦理观念对于人的思想和行为的影响显得尤为重要。因此，规划和管理人员除了有扎实的专业技术和能力外，还应具备较强的环境伦理意识，需要接受环境伦理教育和培训。

7

展　　望

环境伦理关注人与自然的伦理关系以及在环境伦理影响下的人与人之间的伦理关系，指导人类遵从环境伦理开展各种环境实践。本研究从环境伦理的视角研究美国国家公园规划体系，探讨了交叉学科的研究范式，搜集整理了大量资料，对美国国家公园规划的历史演变、现代特征、典型案例和在中国的应用进行了较为系统的研究。受时间和能力所限，本研究还有诸多未尽事宜，有待后续研究进一步完善。

(1) 在研究内容上进一步拓宽。美国国家公园类型多样，规划种类繁多。本研究主要围绕“人与自然”这个主题，研究的公园类型有限，包括国家公园、国家游憩地等；研究的规划种类有限，包括系统规划、基础文件、荒野管理规划等。未来的研究对象可以扩展到其他类别的公园单元，比如国家历史公园、国家湖道、国家风景道等，以及其他类型的规划，比如资源管理战略规划、公园资产管理规划等，对美国国家公园规划体系进行更全面的探讨。另一方面，环境伦理观影响着美国国家公园事务的方方面面，规划体系的构建只是其中的一个环节。未来的研究可从环境伦理对国家公园体系的体制建设、法律制定、运营管理等方面展开，逐步构建基于环境伦理的国家公园体系建设全景图。

(2) 研究深度上进一步挖掘。本研究涉及诸多跨学科知识，由于作者对于其他学科知识的欠缺和认识深度的不足，一些问题难以得到更加深入的探讨。未来的研究可以继续深入探索，比如展述现代美国国家公园规划体系的时代背景、价值取向和学术意义，美国国家公园规划中针对自然多重价值的不同保护和利用手段等，对美国国家公园规划体系进行更加深入的剖析和解读；再如进一步挖掘美国经验，探索环境伦理在中国国家公园规划的法制体系、编制体系和行政体系中如何发挥作用，对美国经验的中国应用开展更加深入的研究。

附　　录

由于篇幅和主题所限，本研究未将涉及美国国家公园规划案例的内容全部陈述出来。以下附以目录，一来为本研究提出的观点提供支撑，二来希望能为相关和后续研究的开展提供基础资料和信息。

附录 A　优胜美地国家公园《1992 年特许经营服务计划和环境影响报告》（Concession Services Plan and Environmental Impact Statement 1992）中文目录

章	内　容
概要	介绍
	和新的特许经营合同的关系
	方案 A 实施 GMP 特许经营行动
	方案 B 实施修改后的 GMP 特许经营行动（推荐）
一 行动目的和需求	目的和需求
	和新的特许经营合同的关系
	和其他规划的关系
	确定范围的过程
二 多方案，包括建议行动	方案 A 实施 GMP 特许经营行动： 住宿 食物和饮料服务 商品服务 游客活动 其他游客服务 对主要特许经营者的支持行动
	方案 B 实施修改后的 GMP 特许经营行动（推荐）： 住宿 食物和饮料服务 商品服务 游客活动 其他游客服务 对主要特许经营者的支持行动 残疾游客无障碍通行 工程优先和成本测算

续表

章	内　容
三 环境影响	介绍
	游客使用、特许经营设施和服务： 到访 特许经营者 特许经营设施和服务
	自然环境： 植被 受威胁的、濒危的和敏感的生物 水资源(洪泛区,湿地,水量,水质,荒野风景河价值) 空气质量 风景资源 荒野
	文化资源： 历史资源 考古资源
	地方经济
四 环境结果	介绍
	方案 A 实施 GMP 特许经营行动： 对游客使用特许经营设施和服务的影响 对自然环境的影响 对文化资源的影响 对地方经济的影响 不可避免或者不可修复的资源影响 累积效应

续表

章	内　容
四 环境结果	方案B实施修改后的GMP特许经营行动(推荐)： 对游客使用特许经营设施和服务的影响 对自然环境的影响 对文化资源的影响 对地方经济的影响 不可避免或者不可修复的资源影响 累积效应
五 协商和协调	确定范围的历程——问题和关注： 1980年GMP的目标和行动 到访增加 住宿和餐饮服务 商业服务和游客活动 特许经营相关的游客交通 社会经济关注 超出本计划范围的问题
	对《环境影响报告草案》的公众评议概述： 收到草案的机构和组织 公众会议上的评议 书面评议
附录	A 开发地区特许经营相关目标 B 空气质量 C 特许住宿用水测算 D 洪泛区的发现声明
参考	——
准备者和顾问	——

附录 B 《2004 年公园规划项目标准》(Park Planning Program Standards 2004)中文目录

章	内　容
一 公园规划和决策概览	法律、政策和规划的关系
	公园规划指导原则： 逻辑框架 分析 合作伙伴和公众参与 责任制
	公园规划和决策框架： 规划和管理的基础 总体管理计划 公园项目计划 公园战略计划 实施计划 年度执行计划和年度执行报告
	规划和决策过程一体化： 标准序列 没有总体管理计划时的暂行管理 同步的执行规划 概要：公园计划的主要决定因素
二 公园规划和管理的基础	目的和范围
	主要因素
	过程标准： 合作伙伴和公众参与 公园信息一体化 审核和批准 更新和修订

续表

章	内容
三 总体管理计划	目的和范围
	主要因素
	过程标准： 总体管理规划的前提 建立总体管理计划的需要 计划发展 审核和批准 最终的计划 工程收尾 更新和修订
四 公园项目计划	目的和范围
	主要因素和过程标准
五 公园战略计划	目的和范围
	主要因素
	过程标准
六 实施计划	目的和范围
	主要因素
	过程标准： 执行规划的前提 项目协定 遵守 NEPA 和 NHPA 成本测算和价值分析 协商和批准
七 年度执行计划和 年度执行报告	目的和范围
	主要因素
	过程标准
八 角色、责任和资金	——

附录 C　《2006 年国家公园管理局管理政策》(National Park Service Management Policies 2006)中文目录

章	内　容
介绍	法律、政策和其他指导
一 基础	国家公园理念
	国家公园体系
	国家公园体系准入标准
	公园管理
	公园的适宜用途
	公园边界外的合作保护
	市民参与
	环境领袖
	卓越管理
	合作伙伴
	与美国印第安部落的关系
	土著夏威夷人、太平洋岛民、加勒比岛民
	永恒的信息
二 公园体系规划	总体原则
	公园规划和决策的主要因素
	公园规划结构
三 土地保护	一般原则
	土地保护方法
	土地保护计划
	合作保护
	边界调整
	土地征用权力
	土地征用资金
	定罪

续表

章	内　容
四 自然资源管理	介绍
	总体管理概念
	研究和收集
	特别指定
	生物资源管理
	防火管理
	水资源管理
	空气资源管理
	地质资源管理
	声景管理
	光景管理
	化学品信息和气味
五 文化资源管理	介绍
	研究
	规划
	管事
六 荒野保存和管理	总体概述
	荒野资源确定和指定
	荒野资源管理
	荒野使用管理
七 解说和教育	介绍
	解说和教育项目
	解说规划
	私人和非私人服务
	解说能力与技能
	所有解说和教育服务的要求
	解说和教育合作

续表

章	内　容
八 公园使用	总则
	游客使用
	执法项目
	飞越领空和航空用途
	美国印第安人和其他传统相关群体的使用
	特殊公园用途
	采矿和开发
	天然产物收集
	消费性使用
	自然、文化研究和收集活动
	社会科学研究
	租赁
九 公园设施	总则
	交通系统及替代交通
	游客设施
	管理设施
	大坝和水库
	纪念作品和匾额
十 商业游客服务	总则
	特许经营
	商业用途授权
附录	A 文中所引法律
	B 文中所引行政命令和备忘录
	C 局长令
词汇	——
索引	——

附录 D 《2009 年总体管理规划动态资料手册》

(General Management Planning Dynamic Sourcebook 2009)中文目录

为什么国家公园管理局做计划

这本资料手册的目的

第一部分 总则

章节	内容
一 总体管理规划概览	规划过程的价值
	规划框架概览
	作为决策过程的总体管理规划
	总体管理规划文件
	作为工作过程的总体管理规划
	将总体管理规划和荒野、野生景观河和商业游客服务文件整合一体
二 GMP 项目管理	项目领导
	项目指导
	项目资金
三 项目启动	确定 GMP 的必要性
	修订或替换一个已有的 GMP
	准备开展 GMP
	请求和接受 GMP 项目资金
	项目协议
	网上计划追踪和公众评议
四 GMP 的法律要求	GMP 内容的法律要求
	GMP 的 NEPA 要求
	GMP 的其他合规要求
五 GMP 的公众参与	介绍
	公众参与的必要性
	理解有效的公众参与
	准备公众参与战略
	评估公众参与效果

续表

第二部分 编制 GMP	
章　节	内　容
六 基础声明	基础声明:它们是什么,适合用在哪里
	目的、重要性和特别令
	确定、分析基础的及其他重要的资源和价值
	主要的解说主题
	国家公园管理局法律和政策要求概览
	汇编
	开展有效工作坊的工具和方法建议
	更新基础声明
七 GMP 的替代发展	替代发展所需的信息和分析
	替代发展中需要考虑的要点
	每个替代方案需考虑的要素
八 用户容量	国家公园管理局的用户容量方法
	所有公园用户容量的适用性
	用户容量指标和标准
	可能的 GMP 管理战略
	指标和标准监测战略
	环境合规和用户容量
九 替代方案成本测算	为什么 GMP 含成本测算？应涵盖哪些内容？
	成本内容
	成本表格和内容
	成本测算建议工具和方法
	免责声明

续表

章　　节	内　　容
十 GMP 和 NEPA 文件：受影响的环境、环境后果、协商协调	确定影响主题
	受影响的环境
	环境后果
	格式化环境后果章节
	协商协调
	GMP 和 NEPA 文件附录和参考
十一 确定优选方案和环保优选方案	优选方案
	环保优选方案
十二 计划草案审核，最终 EIS，ROD，EA，FONSI，最终计划	计划草案审核
	最终 EIS
	决策记录
	GMP/EA 的特殊考虑
	最终计划
	项目收尾
	GMP 的执行
索引	——
数字	
表格	

参考文献

英文部分

[1] Ament R, Clevenger A P, Yu O, et al. 2008. An Assessment of Road Impacts on Wildlife Populations in U. S. National Parks [J]. Environmental Management, 42(3): 480-496.

[2] Brower D R. 1958. "Mission 66" Is Proposed by Reviewer of Park Service's New Brochure on Wildness [J]. National Parks Magzine 32, 4-6.

[3] Buell L. 1995. The Environmental Imagination: Thoreau, Nature Writing, and the Formation of American Culture[M]. Cambridge: The Belknap Press of Harvard University Press.

[4] Callicott J B. 2013. Introduction to Ecological Worldviews: Aesthetics, Metaphors, and Conservation[A]. In: Rozzi R, Pickett S, Palmer C, et al. Ecology and Ethics. DORDRECHT: SPRINGER: 109-111.

[5] Carr E. 2007. Misson 66: Modernism and the National Park Dilemma[M]. Amherst: University of Massachusetts Press.

[6] Case S. 2017. CLEARING THE PATH FROM TRAILHEAD TO SUMMIT WITH A LEAVE NO TRACE LAW[J]. WISCONSIN LAW REVIEW(3): 611-639.

[7] Clary R. 2016. SCIENCE AND ART IN THE NATIONAL PARKS: Celebrating the centennial of the U. S. National Park Service[J]. The Science Teacher, 83(7).

[8] Davis C R, Hansen A J. 2011. Trajectories in land use change around U. S. National Parks and challenges and opportunities for management [J]. Ecological Applications, 21(8): 3299-3316.

[9] Demars S E. 1990. Romanticism and American National Parks[J]. Journal of Cultural Geography, 11(1): 17-24.

[10] Diggs D M, Brunswig R H. 2013. The Use of GIS and Weights-of-Evidence Modeling in the Reconstruction of a Native American Sacred Landscape in Rocky Mountain National Park, Colorado[J]. Springer, 207-228.

[11] Dolan R, Hayden B P, Soucie G. 1978. Environmental dynamics and resource management in the U. S. National Parks[J]. Environmental Management, 2

(3):249-258.

[12] Floyd M F, Jang H, Noe F P. 1997. The Relationship Between Environmental Concern and Acceptability of Environmental Impacts among Visitors to Two U. S. National Park Settings[J]. Journal of Environmental Management,51(4):391-412.

[13] Freeman R E. 1984. Strategic Management: A Stakeholder Approach[M]. Boston:Pitman Publishing Inc..

[14] Fancy S G,Gross J E,Carter S L. 2009. Monitoring the condition of natural resources in US national parks [J]. Environmental Monitoring and Assessment,151(1-4):161-174.

[15] Gimmi U,Schmidt S L,Hawbaker T J,et al. 2010. Increasing development in the surroundings of U. S. National Park Service holdings jeopardizes park effectiveness[J]. Journal of Environmental Management,92(1):229-239.

[16] Goralnik L,Nelson M P. 2017. Field philosophy:environmental learning and moral development in Isle Royale National Park[J]. ENVIRONMENTAL EDUCATION RESEARCH,23(5):687-707.

[17] Hamin E M. 2001. The US National Park Service's partnership parks: collaborative responses to middle landscapes[J]. Land Use Policy,18(2): 123-135.

[18] Hansen A J,Piekielek N,Davis C,et al. 2014. Exposure of U. S. National Parks to land use and climate change 1900—2100[J]. Ecological Applications, 24(3): 484-502.

[19] Heald W F. 1961. Urbanization of the National Parks[J]. National Parks Magazine,35:8.

[20] Keiter R B. 2013. To Conserve Unimpaired: the Evolution of the National Park Idea[M]. Washington,D. C. :Island Press.

[21] L S C. 2012. Chronology of awareness about US National Park external threats[J]. Environmental Management,50(6):1098-1110.

[22] Leopold A S. 1963. A. Starker Leopold to Stewart Udall[Z]. West Virginia: Harpers Ferry.

[23] Lissy Goralnik M P N. 2014. Field philosophy: dualism to complexity through the borderland[J]. Dialectical Anthropology,38(4):447-463.

[24] Mackintosh B. 1985. The National Parks: Shaping the System [M]. Washington,D. C. :U. S. Department of the Interior.

[25] Miller N P. 2008. US National Parks and management of park soundscapes:

A review[J]. Applied Acoustics, 69(2): 77-92.

[26] Miller S M. 1999. John Muir in Historical Perspective[M]. New York: Peter Lang Publishing Inc.

[27] Monz C, D'Antonio A, Lawson S, et al. 2016. The ecological implications of visitor transportation in parks and protected areas: Examples from research in US National Parks[J]. Journal of Transport Geography, 51: 27-35.

[28] National Academy of Science. 1963. A Report by the Advisory Committee [Z].

[29] National Park Service. 1972. Part Two of the National Park System Plan: Natural History[Z]. Washington, D. C.: Department Of The Interior.

[30] National Park Service. ACT TO ESTABLISH A NATIONAL PARK SERVICE (ORGANIC ACT), 1916 [EB/OL]. [2018-06-19]. https://www.nps.gov/parkhistory/online_books/anps/anps_1i.htm.

[31] National Park Service. 2004a. Park Planning Program standards[Z].

[32] National Park Service. Park Planning Program [EB/OL]. [2018-06-19]. https://parkplanning.nps.gov/planningProgram.cfm.

[33] National Park Service. 1993. National Parks for the Twenty-first Century: The Vail Agenda[Z]. Washington, D. C.: National Park Service.

[34] National Park Service. 2004c. Park Planning Program Standards [Z].

[35] National Park Service. 2018. Park Planning[Z].

[36] National Park Service Advisory Board. 2012. Revisiting Leopold: Resource Stewardship in the National Parks[EB/OL]. [2018-07-10]. https://www.nps.gov/calltoaction/PDF/LeopoldReport_2012.pdf.

[37] National Park Service Advisory Board, 2001. Rethinking the National Parks for the 21st Century. [EB/OL]. [2018-07-10]. https://www.nps.gov/policy/report.htm.

[38] National Park Service, U. S. Department of the Interior. 2017. National Park Service System Plan: One Hundred Years[Z].

[39] National Park Service, U. S. Department of the Interior. 2016a. Yosemite National Park Foundation Document[Z].

[40] National Park Service, U. S. Department of the Interior. 2009. GENERAL MANAGEMENT PLANNING DYNAMIC SOURCEBOOK[Z].

[41] National Park Service, U. S. Department of the Interior. 2014. Golden Gate National Recreation Area Final General Management Plan/Environmental Impact Statement[Z].

[42] National Park Service, U. S. Department of the Interior. 2016b. National Park Service Planning Catalog of Products & Services[Z].

[43] National Park Service, U. S. Department of the Interior, Denver Service Center. 1995. General Management Plan for Grand Canyon National Park [Z].

[44] National Park System Advisory Board. Rethinking the National Parks for the 21st Century[EB/OL]. [2018-06-19]. https://www.nps.gov/policy/report.htm.

[45] National Park System Advisory Board. Revisiting Leopold: Resource Stewardship in the National Parks[EB/OL]. [2018-06-19]. https://www.nps.gov/calltoaction/PDF/LeopoldReport_2012.pdf.

[46] Olwig K F. 2009. Local and National Approaches to Nature Preservation: The US Virgin Islands National Park on St John and Beyond[J]. Landscape Research, 34(2): 189-204.

[47] Palamar C R. 2007. Wild, Women, and Wolves: An Ecological Feminist Examination of Wolf Reintroduction[J]. ENVIRONMENTAL ETHICS, 29(1): 63-75.

[48] Parsons D J. 1990. Supporting Basic Ecological Research In U. S. National Parks: Challenges And Opportunities[J]. Ecological Applications, 14(1): 5-13.

[49] Paschke M W, DeLeo C, Redente E F. 2000. Revegetation of Roadcut Slopes in Mesa Verde National Park, U. S. A. [J]. Restoration Ecology, 8(3): 276-282.

[50] Piekielek N B, Hansen A J. 2012. Extent of fragmentation of coarse-scale habitats in and around U. S. National Parks[J]. Biological Conservation, 155: 13-22.

[51] Rettie D F. 1996. Our National Park System: Caring for America's Greatest Natural and Historic Treasures[M]. Urbana and Chicago: University of Illinois Press.

[52] Rolston H. 1990. Biology and philosophy in Yellowstone[J]. Biology and Philosophy, 5(2): 241-258.

[53] Schonewald-Cox C, Buechner M, Sauvajot R, et al. 1992. CROSS-BOUNDARY MANAGEMENT BETWEEN NATIONAL-PARKS AND SURROUNDING LANDS: A REVIEW AND DISCUSSION [J]. ENVIRONMENTAL MANAGEMENT, 16(2): 273-282.

[54] Sellars R W. 2009. Preserving Nature in the National Parks: A History; With a New Preface and Epilogue[M]. New Haven: Yale University Press.

[55] SHAFER. 1998. US National Park Buffer Zones: Historical, Scientific, Social, and Legal Aspects[J]. Environmental management, 23(1): 49-73.

[56] Smith L, Karosic L, Smith E. 2015. Greening U. S. National Parks: Expanding Traditional Roles to Address Climate Change [J]. The Professional Geographer, 67(3): 1-9.

[57] The Secretary of the Interior. 1947. Annual Report of the Secretary of the Interior[R].

[58] The National Environmental Policy Act of 1969, as amended [Z].

[59] THE WILDERNESS ACT, 1964 [Z].

[60] Unrau H D, Willis G F. 1983. Administrative History: Expansion of the National Park Service in the 1930s[M]. Denver: National Park Service and Denver Service Center.

[61] U. S. Department of the Interior, National Park Service. 2006. Management Policies[Z].

[62] Wirth C L. 1956. Annual Report of the Secretary of the Interior for the Fiscal Year Ending June 30, 1956 [R]. Washington, D. C.: Government Printing Office.

[63] Wolski L F, Trexler J C, Nelson E B, et al. 2004. Assessing researcher impacts from a long-term sampling program of wetland communities in the Everglades National Park, Florida, U. S. A. [J]. Freshwater Biology, 49 (10): 1381-1390.

[64] Yard R S. 1916. Making a Business of Scenery [N]. The National's Business: 10-11.

[65] Zube E H. 1995. Greenways and the US National Park system [J]. Landscape and Urban Planning, 33(1-3): 17-25.

中文部分

[66] 〔美〕奥尔多·利奥波德. 1997. 沙乡年鉴[M]. 侯文蕙, 译. 长春: 吉林人民出版社.

[67] 包庆德, 吕忱洋. 2013. 生态哲学视界中的荒野范畴及其研究进展[J]. 内蒙古大学学报(哲学社会科学版)(06): 25-32.

[68] 包庆德, 宋凌晨. 2017. 梭罗及其《瓦尔登湖》生态主义思想评析——纪念亨利·戴维·梭罗 200 周年诞辰[J]. 鄱阳湖学刊(06): 12-23.

[69] 包庆德, 夏承伯. 2012. 土地伦理: 生态整体主义的思想先声——奥尔多·利奥波德及其环境伦理思想评介[J]. 自然辩证法通讯(05): 116-124.

[70] 包双叶. 2012. 当前中国社会转型条件下的生态文明研究[D]:上海:华东师范大学.
[71] 曾建平. 2002. 自然之思——西方生态伦理思想探究[D]. 长沙:湖南师范大学.
[72] 曾思育. 2004. 环境管理与环境社会科学研究方法[M]. 北京:清华大学出版社.
[73] 陈贵松. 2010. 森林公园利益相关者共同治理研究[D]:北京:北京林业大学.
[74] 陈俊. 2015. 中国环境伦理研究概况与发展趋势探讨[J]. 西安建筑科技大学学报(社会科学版)(01):40-46.
[75] 陈茂林. 2015. 和谐交融:梭罗的自然观及其启示[J]. 外语教学(05):77-81.
[76] 陈首珠. 2015. 当代技术——伦理实践形态研究[D]:南京:东南大学.
[77] 陈学谦. 2014. 诺贝尔文学奖美国获奖作家作品之环境伦理思想研究[D]. 长沙:湖南师范大学.
[78] 陈岩峰. 2008. 基于利益相关者理论的旅游景区可持续发展研究[D]:成都:西南交通大学.
[79] 陈耀华,陈远笛. 2016. 论国家公园生态观——以美国国家公园为例[J]. 中国园林(03):57-61.
[80] 陈筝,刘凯. 2012. 美国联邦保护地体系现状[C]//多元与包容——2012 中国城市规划学会会议论文集. 昆明:云南科技出版社.
[81] 成强. 2015. 环境伦理教育研究[D]:青岛:中国海洋大学.
[82] 菲利普·凯佛瑞,郭辉. 2012. 梭罗、利奥波德、卡逊:走向环境美德伦理[J]. 南京林业大学学报(人文社会科学版)(01):27-36.
[83] 冯艳滨,杨桂华. 2017. 国家公园空间体系的生态伦理观[J]. 旅游学刊(04):4-5.
[84] 高健,詹培丰,丁申奇. 2009. 利奥波德环境伦理思想及其研究述评[J]. 山东省农业管理干部学院学报(05):45-46.
[85] 高科. 2016a. 美国国家公园思想的多重面相——读罗伯特·基特尔《完好无损地保护:美国国家公园思想的演变》[J]. 社会科学论坛(08):248-253.
[86] 高科. 2016b. 美国西部探险与黄石国家公园的创建(1869—1872)[J]. 史林(01):173-183.
[87] 高科. 2017a. 1872—1928 年美国国家公园建设的历史考察[D]:长春:东北师范大学.
[88] 高科. 2017b. 1916 年《国家公园局组织法》与美国国家公园管理的体制化[J]. 史学集刊(05):95-107.
[89] 巩固. 2008. 环境伦理学的法学批判——对中国环境法学研究路径的思考[D]. 青岛:中国海洋大学.

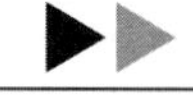

[90] 郭华. 2008. 国外旅游利益相关者研究综述与启示[J]. 人文地理(02):100-105.

[91] 国家林业局森林公园管理办公室,中南林业科技大学旅游学院. 2015. 国家公园体制比较研究[M]. 北京:中国林业出版社.

[92] 郭娜,蔡君. 2017. 美国国家公园合作志愿者计划管理探讨——以约塞米蒂国家公园为例[J]. 北京林业大学学报(社会科学版)(04):27-33.

[93] 郭亚红. 2014. "环境保持"与"环境保护"运动的伦理论争及其当代启示[J]. 兰州学刊(08):95-99.

[94] 郭亚如,陈俊钊. 2018. 浅析道家环境伦理思想[J]. 现代交际(08):232-233.

[95] 韩立新. 2006. 美国的环境伦理对中日两国的影响及其转型[J]. 中国哲学史(01):43-45.

[96] 韩立新,刘荣华. 2007. 环境伦理学的发展趋势与研究对象[J]. 思想战线(06):21-26.

[97] 郝栋. 2016. 美国生态哲学的体系构建与实践转向研究[J]. 自然辩证法研究,32(03):51-56.

[98] 何建立. 2016. 中国国家森林公园与美国国家公园规划建设与管理的比较研究[D]:雅安:四川农业大学.

[99] 何树勋,李涛. 2010. 美国自然观的成就与悖论[J]. 长春教育学院学报(05):44-47.

[100] 〔德〕黑格尔. 1961. 法哲学原理[M]. 范扬,张企泰,译. 北京:商务印书馆.

[101] 胡志红. 2005. 西方生态批评研究[D]:成都:四川大学.

[102] 黄宝荣,王毅,苏利阳,等. 2018. 我国国家公园体制试点的进展、问题与对策建议[J]. 中国科学院院刊(01):76-85.

[103] 黄键跃. 2013. 传统"天人合一"思想与现代发展伦理——兼与郝海燕先生商榷[J]. 道德与文明(01):140-144.

[104] 霍尔姆斯·罗尔斯顿. 2000a. 环境伦理学——大自然的价值以及人对大自然的义务[M]. 杨通进,译. 北京:中国社会科学出版社.

[105] 霍尔姆斯·罗尔斯顿. 2000b. 哲学走向荒野[M]. 叶平,刘耳,译. 长春:吉林人民出版社.

[106] 霍尔姆斯·罗尔斯顿,刘耳. 1999. 环境伦理学的类型[J]. 哲学译丛(04):17-22.

[107] 姜锋雷. 2008. 中西环境伦理思想发展状况比较研究[D]. 武汉:武汉理工大学.

[108] 李敬尧. 2017. 美国荒野保护观的生态哲学研究[D]. 苏州:苏州科技大学.

[109] 李如生. 2005. 美国国家公园与中国风景名胜区比较研究[D]. 北京:北京林业大学.

[110] 李如生，李振鹏. 2005. 美国国家公园规划体系概述[J]. 风景园林(02)：31-34.

[111] 李淑文. 2014. 环境伦理：对人与自然和谐发展的伦理观照[J]. 中国人口·资源与环境(S2)：169-171.

[112] 李亚. 2005. 基于生态伦理观的地区经济可持续发展研究[D]. 武汉：华中科技大学.

[113] 李艳慧. 2016. 基于利益相关者感知的自然保护区环境政策可持续性研究——以九寨沟为例[D]. 上海：上海师范大学.

[114] 李正欢，郑向敏. 2006. 国外旅游研究领域利益相关者的研究综述[J]. 旅游学刊(10)：85-91.

[115] 梁诗捷. 2008. 美国保护地体系研究[D]. 上海：同济大学.

[116] 刘春伟. 2014. 20 世纪西方文学作品的生态伦理思想研究[D]. 大连：大连理工大学.

[117] 刘耳. 2000. 西方当代环境哲学概观[J]. 自然辩证法研究(12)：11-14.

[118] 刘海龙，王依瑶. 2013. 美国国家公园体系规划与评价研究——以自然类型国家公园为例[J]. 中国园林(11)：84-88.

[119] 刘静艳. 2006. 从系统学角度透视生态旅游利益相关者结构关系[J]. 旅游学刊(05)：17-21.

[120] 刘静艳，孙楠. 2010. 国家公园研究的系统性回顾与前瞻[J]. 旅游科学(05)：72-83.

[121] 刘略昌. 2016. 梭罗自然思想研究补遗[J]. 浙江师范大学学报(社会科学版)(04)：79-84.

[122] 卢国荣. 2008. 二十世纪美国生态环境的文学观照——文学守望的无奈及其久远的影响[D]. 长春：吉林大学.

[123] 〔美〕罗德里克·弗雷泽·纳什. 2005. 大自然的权利：环境伦理学史[M]. 杨通进，译. 2 版. 青岛：青岛出版社.

[124] 毛彬，赵涛. 2016. 美国优胜美地国家公园路景观设计探析[J]. 华中建筑(10)：119-123.

[125] 聂军，马金华. 2014. 生态思想与美国国家公园的发展[J]. 新课程·中旬(6)：19.

[126] 裴广川. 2002. 环境伦理学[M]. 北京：高等教育出版社.

[127] 钱学森. 1984. 系统思想、系统科学和系统[C]//系统理论中的科学方法与哲学问题. 北京：清华大学出版社.

[128] 秦红岭. 2011. 环境伦理视野下低碳城市建设的路径探析[C]//2011 城市发展与规划大会论文集. 扬州：《城市发展研究》编辑部：164-169.

[129] 秦天宝. 2018. 论我国国家公园立法的几个维度[J]. 环境保护(01)：41-44.

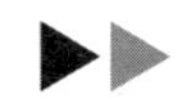

[130] 申扶民. 2016. 论生态浪漫主义——从卢梭到梭罗[J]. 哈尔滨工业大学学报(社会科学版)(06):107-112.

[131] 宋蕾,闫金明. 2012. 环境伦理之争与我国环境法的伦理抉择[J]. 江汉论坛(08):66-68.

[132] 舒奇志. 2007. 二十年来中国爱默生、梭罗研究述评[J]. 求索(04):225-227.

[133] 苏贤贵. 2002. 梭罗的自然思想及其生态伦理意蕴[J]. 北京大学学报(哲学社会科学版)(02):58-66.

[134] 苏杨. 2018. 规划、划界、分区,利益如何划分? ——解读《建立国家公园体制总体方案》之六[J]. 中国发展观察(17):42-47.

[135] 苏杨,郭婷. 2017. 建立国家公园体制 强化自然资源资产管理[N]. 中国环境报.

[136] 苏杨. 2016. 国家公园、生态文明制度和绿色发展[J]. 中国发展观察(05):56-58.

[137] 孙燕. 2012. 美国国家公园解说的兴起及启示[J]. 中国园林(06):110-112.

[138] 〔美〕梭罗. 2005. 梭罗日记[M]. 朱子仪,译. 北京:北京十月文艺出版社.

[139] 〔美〕泰勒. 2010. 尊重自然:一种环境伦理学理论[M]. 雷毅,译. 北京:首都师范大学出版社.

[140] 唐芳林. 2017. 试论中国特色国家公园体系建设[J]. 林业建设(02):1-7.

[141] 唐小平,张云毅,梁兵宽,等. 2018. 中国国家公园规划体系构建研究[J]. 北京林业大学学报(社会科学版),1-8.

[142] 唐小平,栾晓峰. 2017. 构建以国家公园为主体的自然保护地体系[J]. 林业资源管理(06):1-8.

[143] 陶一舟,赵书彬. 2007. 美国保护地体系研究[J]. 环境与可持续发展(04):40-42.

[144] 滕海键. 2016. 1964 年美国《荒野法》立法缘起及历史地位[J]. 史学集刊(06):70-80.

[145] 田美玲,方世明,冀秀娟. 2017. 国家公园研究综述[J]. 国际城市规划.

[146] 田宪臣. 2009. 协商、适应、行动——诺顿环境实用主义思想研究[D]. 武汉:华中科技大学.

[147] 汪昌极,苏杨. 2015. 知己知彼,百年不殆 从美国国家公园管理局百年发展史看中国国家公园体制建设[J]. 风景园林(11):69-73.

[148] 王辉,刘小宇,郭建科,等. 2016a. 美国国家公园志愿者服务及机制——以海峡群岛国家公园为例[J]. 地理研究(06):1193-1202.

[149] 王辉,刘小宇,王亮,等. 2016b. 荒野思想与美国国家公园的荒野管理——以约瑟米蒂荒野为例[J]. 资源科学(11):2192-2200.

[150] 王辉,张佳琛,刘小宇,等. 2016c. 美国国家公园的解说与教育服务研究——

以西奥多·罗斯福国家公园为例[J].旅游学刊(05):119-126.
[151] 王继创.2012.整体主义环境伦理思想研究[D].太原:山西大学.
[152] 王蕾,苏杨.2015.中国国家公园体制试点政策解读[J].风景园林(11):78-84.
[153] 王丽娜.2016.儒家"天人合一"思想生态伦理智慧及其现代出路[J].人民论坛(05):213-215.
[154] 王连勇,霍伦贺斯特·斯蒂芬.2014.创建统一的中华国家公园体系——美国历史经验的启示[J].地理研究(12):2407-2417.
[155] 王顺玲.2013.生态伦理及生态伦理教育研究[D].北京:北京交通大学.
[156] 王万翔.2013.美国生态作家"荒野"思想研究——以西格德·F.奥尔森等为例[D].长沙:海南师范大学.
[157] 王希艳.2010.环境伦理学的美德伦理学视角——西方环境美德思想及其实践考察[D].天津:南开大学.
[158] 王小文.2007.美国环境正义理论研究[D].南京:南京林业大学.
[159] 王欣歆,吴承照.2014.美国国家公园总体管理规划译介[J].中国园林(06):120-124.
[160] 王毅.2017.中国国家公园顶层制度设计的实践与创新[J].生物多样性(10):1037-1039.
[161] 王正平.2014.环境哲学:环境伦理的跨学科研究[M].2版.上海:上海教育出版社.
[162] 吴保光.2009.美国国家公园体系的起源及其形成[D].厦门:厦门大学.
[163] 吴承照,刘广宁.2015.中国建立国家公园的意义[J].旅游学刊(06):14-16.
[164] 吴国盛.1998.追思自然:从自然辩证法到自然哲学[M].沈阳:辽海出版社.
[165] 夏承伯.2008.生态哲学维度:从绿色经典文献看20世纪生态思想演进[D].呼和浩特:内蒙古大学.
[166] 夏承伯.2012.大自然拥有权利:自然保存主义的立论之基——约翰·缪尔生态伦理思想评介[J].南京林业大学学报(人文社会科学版)(03):28-33.
[167] 徐瑾,黄金玲,李希琳,等.2017.中国国家公园体系构建策略回顾与探讨[J].世界林业研究(04):1-7.
[168] 徐雅芬.2009.西方生态伦理学研究的回溯与展望[J].国外社会科学(03):4-11.
[169] 薛晶.2011.生态学与资源保护[D].开封:河南大学.
[170] 薛岩,王浩.2016."信息导向"在导识系统设计中的应用——以美国大峡谷国家公园导识系统设计为例[J].艺术评论(02):162-165.
[171] 严国泰,沈豪.2015.中国国家公园系列规划体系研究[J].中国园林(02):15-18.

[172] 杨冬辉.2000.中国需要景观设计——从美国景观设计的实践看我们的风景园林[J].中国园林(05):19-21.

[173] 杨会会.2012.近代美国规划设计中生态思想演进历程探索[D].重庆:重庆大学.

[174] 杨金才,浦立昕.2005.梭罗的个人主义理想与个人的道德良心[J].南京师大学报(社会科学版)(04):138-143.

[175] 杨锐,马之野,庄优波,等.2018.中国国家公园规划编制指南研究[M].北京:中国环境出版集团.

[176] 杨锐.2016.国家公园与自然保护地研究[M].北京:中国建筑工业出版社.

[177] 杨锐.2015.防止中国国家公园变形变味变质[J].环境保护,43(14):34-37.

[178] 杨锐.2014.论中国国家公园体制建设中的九对关系[J].中国园林(08):5-8.

[179] 杨锐.2004.美国国家公园入选标准和指令性文件体系[J].世界林业研究(02):36-64.

[180] 杨锐.2003a.美国国家公园规划体系评述[J].中国园林(01):44-47.

[181] 杨锐.2003b.试论世界国家公园运动的发展趋势[J].中国园林(07):10-15.

[182] 杨锐.2003c.土地资源保护——国家公园运动的缘起与发展[J].水土保持研究(03):145-147.

[183] 杨锐.2001.美国国家公园体系的发展历程及其经验教训[J].中国园林(01):62-64.

[184] 杨晓峰.2006.美国环境伦理学研究评析[D].大连:大连理工大学.

[185] 杨通进.2008.论环境伦理学的两种探究模式[J].道德与文明(01):11-15.

[186] 杨通进.2014.环境伦理学的现代建构及其发展趋势[J].南京工业大学学报(社会科学版)(01):22-30.

[187] 杨通进.2007.环境伦理:全球话语 中国视野[M].重庆:重庆出版社.

[188] 杨英姿.2016.返本开新:从“天人合一”到生态伦理[J].伦理学研究(05):119-125.

[189] 杨子江,林雷,王雅金.2015.美国国家公园总体管理规划的解读与启示[J].规划师(11):135-138.

[190] 杨伊萌.2016.美国国家公园规划体系发展新动向的启示[C]//规划 60 年:成就与挑战——2016 中国城市规划年会论文集(11 风景环境规划).北京:中国建筑出版社:132-140.

[191] 叶平.2014.基于生态伦理的环境科学理论观念和实践观念问题研究[D].哈尔滨:哈尔滨工业大学.

[192] 叶平.1991.人与自然:西方生态伦理学研究概述[J].自然辩证法研究(11):4-13.

[193] 叶平,张炎.1992.生态伦理学的结构[J].求是学刊(02):39-42.

[194] 于冰沁.2012.寻踪——生态主义思想在西方近现代风景园林中的产生、发展与实践[D].北京:北京林业大学.

[195] 于川.2017.实践哲学语境下的生态伦理研究——保罗·汤普森哲学思想的启示[D].合肥:中国科学技术大学.

[196] 余谋昌.1994.西方生态伦理学研究动态[J].哲学译丛(05):1-4.

[197] 余谋昌.2002.中国发展需要生态伦理学[J].中国发展(03):5-7.

[198] 余谋昌.1992.生态伦理学的基本原则[J].自然辩证法研究(04):25-29.

[199] 余谋昌,王耀先.2004.环境伦理学[M].北京:高等教育出版社.

[200] 俞孔坚,刘东云.1999.美国的景观设计专业[J].国外城市规划(02):1-9.

[201] 〔美〕约翰·缪尔.1999.我们的国家公园[M].郭名倞,译.长春:吉林人民出版社.

[202] 张博.2014.生态绿道设计的土地伦理观审视[D].天津:天津大学.

[203] 张海霞,汪宇明.2010.可持续自然旅游发展的国家公园模式及其启示——以优胜美地国家公园和科里国家公园为例[J].经济地理(01):156-161.

[204] 张宏磊,杨旸.2015.全球气候变化与国家公园应对的美国启示[J].旅游学刊(06):3-5.

[205] 张建国.2005.试论梭罗散文的生态思想内涵[J].商丘师范学院学报(06):39-41.

[206] 张婧雅,李卅,张玉钧.2016.美国国家公园环境解说的规划管理及启示[J].建筑与文化(03):170-173.

[207] 张晓媚.2016.绿色发展视野下的自然价值建构研究[D].北京:中共中央党校.

[208] 张振威,杨锐.2015.美国国家公园管理规划的公众参与制度[J].中国园林(02):23-27.

[209] 赵智聪.2018.编制好国家公园四个层次的规划[N].青海日报.

[210] 赵智聪,马之野,庄优波.2017.美国国家公园管理局丹佛服务中心评述及对中国的启示[J].风景园林(07):44-49.

[211] 赵智聪,彭琳,杨锐.2016.国家公园体制建设背景下中国自然保护地体系的重构[J].中国园林(07):11-18.

[212] 中共中央办公厅,国务院办公厅.2017.建立国家公园体制总体方案[Z].

[213] 钟林生,肖练练.2017.中国国家公园体制试点建设路径选择与研究议题[J].资源科学(01):1-10.

[214] 朱新福.2005.美国生态文学研究[D].苏州:苏州大学.

[215] 朱璇.2006.美国国家公园运动和国家公园系统的发展历程[J].风景园林(06):22-25.